社会信息化
与信息化技术

解金山 编著

人民邮电出版社

北　京

图书在版编目（CIP）数据

社会信息化与信息化技术 / 解金山编著. -- 北京：
人民邮电出版社，2011.9
ISBN 978-7-115-25025-4

Ⅰ. ①社… Ⅱ. ①解… Ⅲ. ①信息社会－研究②信息
技术－研究 Ⅳ. ①G201②G202

中国版本图书馆CIP数据核字(2011)第077195号

内 容 提 要

当今信息化和信息技术是人们议论最多的一个话题。本书比较系统地论述了社会信息化和信息技术发展
的有关问题。

全书共 11 章，从内容上大致可分为三部分。第 1 章与第 2 章阐述信息化的概念及相关知识；第 3 章与
第 4 章介绍我国信息化的基本概况及所取得的成就，并对信息技术的演变作了概述；第 5 章至第 11 章主要
介绍各种信息通信网络的构成、工作原理及应用。

本书力求用通俗的语言及诗歌的形式阐述有关理论及技术问题，以激发读者的兴趣，使读者能够抓住
重点，易于理解和记忆。

本书可作为大中专院校师生参考书，也可作为选修课教材。对于从事信息领域的工程技术人员及公职
人员也有重要的参考价值。

社会信息化与信息化技术

◆ 编　　著　解金山

　　责任编辑　梁　凝

◆ 人民邮电出版社出版发行　　北京市崇文区夕照寺街 14 号
　　邮编 100061　电子邮件 315@ptpress.com.cn
　　网址 http://www.ptpress.com.cn
　　北京铭成印刷有限公司印刷

◆ 开本：787×1092　1/16
　　印张：11　　　　　　　　　2011 年 9 月第 1 版
　　字数：259 千字　　　　　　2011 年 9 月北京第 1 次印刷

ISBN 978-7-115-25025-4

定价：38.00 元

读者服务热线：**(010)67129264**　印装质量热线：**(010)67129223**
反盗版热线：**(010)67171154**

前　言

社会信息化与信息化社会是当今的一个重大社会课题。本书较为系统地论述了这一问题。

本书的最大特点是采用了将社会科学、自然科学技术以及文学艺术（诗词）相融合的一种体裁，对命题进行了系统的论述，这与以往的文体是截然不同的。如今，社会科学与自然科学、信息技术（IT）相互融合，而且融合发展的势头非常强劲，已是大势所趋。因此，本书将社会科学、信息技术以及文学艺术相融合。这是否是一种创新大家可以讨论。但是，这种体裁的确有以下的优点：第一，可使相关概念通俗化，便于普及与推广，使读者易理解与记忆；第二，使读者能够正确理解并掌握重点与核心问题；第三，将科学技术问题诗歌化，能引起读者的强烈兴趣，引导其关心并参与社会信息化工作。

书中的开卷诗词是本书的引子，用来说明信息与人类的关系、信息社会模样以及信息的作用。启发人们对信息社会的认识和向往。

本书共 11 章，第 1 章介绍信息化的有关概念，概述了信息的本质、特征，社会信息化与信息化技术，以及如何实现社会信息化，同时指出物联网是实现社会信息化的强大引擎，云计算是社会信息化的助推器，实现信息化社会是人类追求的崇高目标；第 2 章是社会信息化总论，重点论述人类文明的演进历史，信息化社会的产生、发展、归宿，信息化方向，信息化的重要指标，以及信息化技术的发展等；第 3 章介绍了我国信息技术领域的现状与主要成就，并用诗歌的形式说明了信息通信网络的发展方向；第 4 章介绍了信息通信网络的演进与融合，并阐述了全 IP 化（All IP）、全光化、网格化的发展方向；第 5 章介绍了无线通信技术的新发展，重点介绍 WiMAX、UWB、WLAN、蓝牙、Ad Hoc 技术，此外还简单讲解了一些关键技术；第 6 章介绍移动通信，除了讲解三种 3G 标准，并比较其优越性外，重点介绍我国自主创新的 TD-SCDMA 系统；第 7 章介绍了骨干网络及其通信技术，重点是论述长距离大容量传输技术及光节点技术；第 8 章讲解城域网及其通信技术，介绍了相关概念、主要业务、发展方向，以及其技术路线；第 9 章讲解无源光网络在宽带接入网中的应用，重点介绍无源光网络的架构、工作原理，并对 xPON 系列进行了比较，同时还指出宽带接入技术要向下一代光纤接入网发展；第 10 章介绍光纤以太网，系统介绍了以太网的架构、功能、业务以及工作原理，并指出其发展方向；第 11 章介绍了家庭网络，全面讲解了有关概念、支持的业务、相关技术，以及标准化的有关问题。

为了普及有关社会信息化方面的知识，推动我国信息化建设，在附录中给出了《社会信息化程度的定量描述》一文，同时也谈到我国在信息化方面所取得的主要成绩与不足，以供大家参考、讨论。

本书在撰写过程中，得到许多同事的帮助。解奕榕工程师在资料搜集、整理以及绘图方面做了大量而有成效的工作，陈宝珍、解奕鹏高级工程师，孙金超硕士及牛慕鑫等从多方面给予了大力支持，对此致以诚挚的谢意。此外，本书编写过程中参考了许多学者的论文、著作，以及相关建议，在此一并表示衷心的感谢。

鉴于作者水平有限，书中错误和不妥之处在所难免，敬请读者批评指正。

解金山

2010 年 10 月于武汉邮电研究院

作 者 简 介

解金山：男，河南省禹州市人，1937 年 1 月出生。1962年毕业于北京邮电学院（即现北京邮电大学），先后在北邮、原邮电部七所、武汉邮电研究院、深圳飞通光电子技术有限公司工作，历任研究室主任、研究所（公司）总工程师、所长等职务。是原邮电部批准的武汉邮电研究院第一批高级工程师及研究生导师，先后被多个单位聘任为教授、技术顾问、副总经理等。

长期从事光电子器件及光通信情报方面的研发工作，主持的科研取得二十多项科研成果，其中多项获得省部级科技进步奖。此外，还完成十多项软课题研究。在国内外发表 90 余篇各种性质的论文，先后出版专著三本：《半导体激光器理论与制造》、《光纤用户传输网》、《光纤数字通信技术》。

历任中国电子学会会士、资深委员会委员；中国电子学会半导体与集成技术分会信息光电子技术专业委员会成员；国家科委光纤通信专业组半导体激光器与集成光学组副组长；中国通信学会光通信委员会委员；深圳市光学光电子行业协会常务理事兼光纤通信专业委员会主任等社会任职。现任深圳市电子学会副会长，光学学会理事等。

先后被"世界文化艺术研究中心"、"英国剑桥国际传记中心（IBC）"以及"美国传记学会（ABI）"等国内外有关组织授予世界名人称号，有的还授予终生成就奖提名等。其主要业绩收录在《INTERNATIONAL WHO'S WHO OF INTELLECTUALS, THIRTEENTH EDITION 1999》、《中国专家大辞典》8 卷、《世界名人录 中国卷 3》、《当代中国科学家与发明家大辞典》第三卷等文献中。

目　录

开卷诗词

（一）八言韵语 人类与信息

　　　　信息伴随人类而生，
　　　　人类依赖信息而活。
　　　　没有信息人类即亡，
　　　　有了信息社会就旺。
　　　　你理解吗？这话可不是耸人听闻的！

（二）清平乐 信息世界

　　　　人类世界，
　　　　信息满天飞。
　　　　世上事儿瞬息知，
　　　　地球犹如村庄。
　　　　世界布满网络，
　　　　信息到处流畅。
　　　　世界融为一体，
　　　　社会更加兴旺。

（三）自由诗 信息之歌

　　　　　　其　一
　　　　信息犹如春风，吹绿山野带来生机。
　　　　信息就像春雨，滋润大地唤醒生灵。
　　　　信息就像春雷，惊天动地呼唤觉醒。
　　　　信息犹如太阳，温暖人间照亮征程。
　　　　　　其　二
　　　　信息是宝中之王，人能生智国家富强。
　　　　信息是灵丹妙药，排忧解困功劳不小。
　　　　信息是智囊宝库，人脑聪明办事准成。
　　　　信息是一把利剑，谁掌握它谁就变强。
　　　　　　其　三
　　　　信息是财富，抓住机遇能致富。
　　　　信息是时间，资料齐全用不完。
　　　　信息是效率，事半功倍件件成。
　　　　信息是生命，急救中心一二零。

其　四

信息多脑袋灵，于人于事办法多。

信息灵机遇多，世上走运事儿多。

信息准成效高，办成事儿代价小。

信息详目标明，有的放矢中头名。

其　五

一一九显神灵，危难时刻有救星。

一一零威力大，遇难遇险有办法。

一二二真机灵，遇到车祸来监行。

海上行有危险，求救信号12395。

其　六

信息信息多重要，没有信息人难熬。

有了吃穿不算福，信息多了才是福。

有了能源有动力，没有信息没有力。

人类生存靠什么，三大要素保生命。

第1章　信息化的有关概念

开篇诗词　信息与信息社会

（一）五言诗　信息是什么？

> 信息是什么？沟通与交流。
> 摆手是示意，点头作回应。
> 摇头作表示，心领神会通。
> 眨眼给信息，情人就心明。
> 说话语气重，听者能分清。
> 脸色带笑容，定有好心情。
> 精神不振作，身心不康宁。
> 单位打交道，信息要先行。
> 世上发生事，传媒全球行。
> ……
> 人类要生活，盼得信息通。
> 社会要交注，靠的信息灵。
> 信息重要性，公众自然明。

（二）沁园春　信息社会

> 人类社会，有来有注，波此交流。
> 看大千世界，有声有色；
> 信息有源，随人漂流。
> 事件万千，评头论足。
> 信息社会竞自由，舒发情，
> 信息满天飞，谁来接收？
> 信息社会展现，
> 传统观念全要改变。
> 信息花样新，传媒变样；
> 网络世界，信息竞流。
> 人隔千里，瞬间见面，
> 信息社会多虚拟。真实否，
> 人脑跟不上，如何生活？

"信息化"是当今人们的一句口头禅，那么什么是信息化呢？信息化又是如何实现的呢？本章将逐一讨论这些问题。

1.1 概 述

关于信息的系统理论是从信息论之父申农于 1948 年发表《通信的数学理论》开始的，他提出了一个基本概念——熵，从理论上阐述了通信的许多基本问题。从此信息论进入了系统的研究，并开始了在诸多方面的应用。

因此，首要的问题是先搞清楚什么是信息。信息是指关于人和事物情况的消息。构成信息系统要具备三个要素或具备三个基本条件：信息源，即信息的出处；信息的传递；以及信息接收者，三者缺一不可。图 1-1 是信息系统构成示意图。同时信息还必须能够被接收者所感受到并被理解，例如，尘封久远的一封信或文献资料，如果谁也看不懂，这种情况就不能叫信息。这是对信息的完整理解。从现代社会来看，信息是一种基础商品。具有商品的生产、

图 1-1 信息系统构成示意图

交换、分配与消费的全过程。信息除了具有商品的一般物理现象和社会现象的共性外，还具有如下的特征。

① 社会性。信息离不开社会，许多信息需经过人们的一系列加工。

② 非物质性。信息是抽象的符号，并附着在一定的载体上。

③ 可传播性。可利用声、光、电、机械、文字、符号、语音、图像等进行传播。

④ 不灭性，即不会被消耗掉。信息可重复使用、大量复制、广泛应用，容易实现资源共享。

⑤ 信息的使用价值与接收信息者有关，其差别很大。例如，有人利用信息能发家致富，甚至创造伟业，有些人则不能。

信息的种类很多，大体上可将信息划分为三大类。

① 自然信息。是关于自然界的一切现象。上至天体宇宙，下至大地山川河流、气象、海洋、动植物等。

② 社会信息。即人类社会的一切现象与事件。

③ 人自身的信息。即人类自身的一切现象，包括体温、血压、脉搏、脑电、生老病死等。

信息之所以是商品，是因为它有使用价值。既然是商品，当然就有信息化产品。这类产品大都属于文化类、娱乐类、民生类、安全类、社交类、科技类等类型。信息化产品，一般都是从信息源开始，经过搜索、筛选、分类、编辑等一系列的处理、加工成为信息产品，最终传递给信息消费者进行消费（使用）。

信息无处不在，已成为现代人赖以生存和发展的三大要素之一。与能源、物质相比，信息最大的特点是可以被复制、再生。所以知识产权保护在信息产品的制作、传播和使用过程中占有十分重要的地位。

与物质商品一样，信息产品也需要流通（传播）、交换，以及销售给用户（信息产品使用者）。众所周知，信息产品多如牛毛，而且许多产品都是以文字、图像、语音、符号等形态存在，这是信息产品的最大特征。

1.2　社会信息化与信息化社会

什么是信息社会？信息社会世界峰会（WSIS）的《原则宣言》中指出：宣告建设一个以人为本、具有包容性和以发展为目的的信息社会。在这个社会中，人人可以创造、获取、使用与分享信息和知识，个人、社区和国家均能充分发挥各自的潜力，促进实现可持续发展并提高生活质量。每个人，无论身在何处，均有机会参与到这个信息社会中来，任何人不得被排除在信息社会所带来的福祉之外。

《原则宣言》的重要原则是：人人共享信息和知识。

社会信息化与信息化社会是两个不同的概念。所谓社会信息化，就是各行各业包括政府系统、社会各种团体、企事业单位、家庭、个人等社会成员依赖并使用信息化知识、信息化技术、信息化手段进行管理与运作。信息化是一个漫长的动态发展过程，它是指依靠信息技术系统、信息应用系统等来实现信息资源的充分开发及利用，最大限度地满足社会对信息的需求，并使社会整体从工业经济向信息经济、从工业社会向信息社会逐渐过渡的发展过程。而信息化社会，相对于以物质为基础的工业社会来说，则是以信息以人才为基础的一种社会形态。知识型经济是信息社会的基本特征。所谓信息化社会就是人们时时处处离不开信息，信息就像空气、水、粮食一样不可缺少。

社会信息化是强国之路，富民之本，社会信息化是最能够激励人们施展才华、平等参与社会活动的基本国策。信息化社会能够造就大批英才，激发人们的创新潜能。

1.3　如何实现社会信息化

如何实现社会信息化？这需要依靠信息化技术及实现信息化的良好环境。信息化技术主要包括以下方面：

① 各种通信技术；
② 计算机技术；
③ 各种信息通信网络技术；
④ 各种信息存储技术与处理技术；
⑤ 信息的获取技术，如感测技术，识别技术等；
⑥ 各种各样的显示技术、控制技术；
⑦ 信息产品的制造技术；
⑧ 其他相关技术。

总之，凡是能够拓展人们信息功能的技术都是信息化技术。它是一种最具有活力和高渗透性的科学技术，几乎渗透到社会所有领域。其中最为核心的技术是：信息通信网络技术、计算机技术、传感技术、控制技术等。在此还要特别指出的是近些年来发展并形成的物联网（The Internet of Things）技术及"云计算"（Cloud Computing）技术。基于传感技术、通信技术、信息技术（主要是互联网技术）发展起来的物联网技术已被广泛地应用于社会各种领域，将对社会信息化产生积极的推动作用。物联网是实现数字中国、数字城市、数字家庭的信息基础设施。物联网与互联网的有机结合可以创造出智慧地球。

实现社会信息化除了要依赖于信息化技术之外，还要有实现社会信息化的良好环境，以及全民参与。这就是说，实现社会信息化必须具备两个最基本的条件：一是技术条件，二是社会条件。社会条件包括两个方面：一是国家主导，包括制定相关政策、规划、计划、施实方案，以及资金投入；二是全民参与，包括人力、物力、资金，以及各种国内外的合作与协同等。

1.4 物联网是社会信息化发展的强大引擎

1.4.1 概述

1. 物联网概念的由来

2005 年 11 月 17 日，在突尼斯举行的信息社会世界峰会上，国际电信联盟（ITU）发布了《ITU 互联网报告 2005：物联网》，提出了"物联网"的概念。并指出，无所不在的"物联网"通信时代即将来临，世界上的万事万物都可通过网络互联并主动进行信息交换，这就是"物联网"概念的由来。同时指出 RFID 技术、传感技术、纳米技术、智能嵌入技术将得到更加广泛的应用。

物联网的概念最早可追溯至美国麻省理工学院于 1999 年建立"自动识别中心"开始，当时他们前瞻性提出"万物均可通过网络互联"，这就是物联网概念的起源。物联网的核心价值是让世上万事万物连接起来，让各种信息都能畅通无阻的传递。因而，物联网是一个"梦幻世界"，是一个终极的信息通信网络。

2. 物联网的定义及系统构成

物联网的定义，即物联网是通过射频识别（RFID）技术、红外感测技术、全球定位系统、激光扫描技术等信息传感设备，按约定的协议，把任何物品与互联网连接起来，进行信息交换与通信，以实现智能识别、定位、跟踪、监控和管理的一种网络。其网络系统由三部分构成：第一部分是传感器网络，它是物联网的子网，利用红外感应器、全球定位系统、激光扫描器等信息传感设备对物体的相关信息进行采集与处理，通过信息通信网络将信息发送出去；第二部分是信息的传送，将传感器网络采集到的信息通过各种信息通信网络传递给接收部分，即智能终端，这里各种通信技术构成的通信网络将担当重任；第三部分是信息的接收与应用，这可通过各种终端设备，如手机、计算机等将信息显示出来以实现所感知信息的应用服务。当然，在物联网中信息运营是不可缺少的，而且是关键的，包括信息处理、计费、网关、接口等，除了技术、管理问题外，标准也是十分重要的。在物联网世界里，所有"物"都有一个电子识别标志，通过无所不在的传感器和网络可以传递到互联网上，实现了任何物体在任何时间、任何地点尽在掌握之中。

这里需指出，物联网是泛在网的子网。泛在（Ubiquitous）网或称普适（Pervasive）网是更大范围更深层次的包罗万象的一种信息通信网络。泛在网络应具有以下特点：第一，高流量促进高带宽；第二，是融合电信、媒体、信息技术、内容产业等共同形成的"媒体电信"群体，是一个大通信概念；第三，是"无所不在、无时不在、无所不包、无所不能"的宽带网络，能进一步满足人们的各种需求，是实现"任何地点、任何时间、任何设施、任何内容、任何人都可通过网络进行通信"的一种信息通信网络。随着计算技术、云计算、物联网、嵌入技术、智能技术、电子技术、无线技术等的发展，信息服务和应用将直接进入人们的生活和工作中，实现"无所不在、无时不在"的服务。能提供人人（Man-to-Man）、人物（Man-to-Machine）、物物（Machine-to-Machine）之间的通信，实现所谓的 M2M 网络。此外，还提供行业应用和公众服务。随着网络技术的发展，泛在网将是通信网、互联网、移动网、物联网高度融合的目标。实现多种网络、多种行业、多种应用、多种异构技术的融合与协同。最终实现技术含量高、规模宏大、功能完备、标准统一的泛在网。泛在宽带网络的无所不在、无时不在及高带宽特点，将能满足人们的任何要求，为用户带来融合的全新体验。只要用户有需求，任何内容都可通过泛在网络实现任何时间、任何地点、任何人、任何物之间的通信，这是信息社会高度发展的理想境界，也是将社会信息进行到底的必由之路。但是，物联网是泛在网发展的一个"打先锋"的网络，是必经的一个发展阶段。

3．物联网的关键技术

物联网有四大关键性技术：RFID 技术、传感器技术、智能技术以及纳米技术。

① 射频识别 RFID 技术。是古老技术在现实生活中焕发青春的应用技术。早在第二次世界大战中就用于敌我识别，当今作为电子标签更是广泛地应用于许多领域。在物联网中作为物的识别标志是不可缺少的。

② 传感器技术。传感器种类甚多，功能各异。在物联网中作为对"物"进行相关信息的采集是关键的，绝对不能少的。

③ 智能技术在物联网中作用极大。由于网络庞大、结构复杂、功能众多，完全由人工进行管理是非常困难的，甚至是不可能的，因此智能化是必由之路。实现网络的自我发现、自我诊断、自我恢复、自我管理的智能网络是完全必要的。

④ 众所周知，纳米材料具有特异性能，制造的纳米器件不仅体积微小，而且性能特异，可用于解决一些特殊问题。

在此还要提出的是嵌入技术，在物联网中也是不可缺少的，对于扩大物联网的应用范围，降低制造成本是非常重要的。

4．移动通信网是物联网的天然盟友

物联网或泛在网要实现"无处不在"和"无时不在"的全覆盖要求，就必须依靠移动通信网。移动通信与物联网相结合可使网络延伸到不同的地方和不同的物体上去，特别是移动宽带网络，如 3G 网络，将会极大地促进物联网的快速发展。而当物联网深入到人们的生活、工作中时，也会给移动互联网的应用带来更多的发展机会，当然也会创造更大的经济价值。例如，RFID 读写器成本很高，而使用手机作为读写器既可节约成本又方便快捷，手机二维

码的应用就是此类应用的尝试。此外，手机终端还可承担标签功能，将相关卡集中嵌入手机中就可实现。另外，移动网络也可局部替代物联网的传输。诸如此类的情形随着网络的发展还会有更多的双赢机会。

总之，物联网与移动通信网是一对天然的盟友。网络将沿着宽带、移动、融合、智能、泛在的方向发展，这是不以人们的意志为转移的发展方向。然而，在此需要强调的一点是，虽然互联网经济是一种虚拟经济，但能有效地服务于实体经济。若互联网与物联网能快速融合，互联网将促进物联网实现企业与物理系统的对话，使企业能尽快实现"无所不在的网络"目标。从而使企业变得灵活、高效、思路开阔，以及更加有信心和更加有把握。

1.4.2 物联网的发展将掀起世界信息产业的新浪潮

物联网的核心价值是让世上万物连接起来，让各种信息都能畅通无阻的传递。既然如此，它必能实现各种网络的融合、资源共享、应用互通以及终端的互联。从这一点说，它是一个"梦幻世界"，有些不可思议。然而物联网确已在众多领域大显身手，得到广泛应用，并将极大地推动世界经济的快速发展。

由于物联网的广泛应用，将极大地推动社会信息化进程，也将极大地推动社会经济发展，因此，被人们称誉为是继计算机、互联网之后的世界信息产业第三次浪潮，也有人将其誉为继计算机、互联网、移动通信之后的世界信息产业的第四次浪潮。第三次浪潮也好，第四次浪潮也罢，总之，要掀起世界信息产业的新浪潮是毋庸置疑的。

物联网的应用究竟如何呢？可以毫不夸张地说，物联网将会渗透到社会的绝大多数领域。例如，物联网将会广泛地应用于工业监控、工业自动化、公共安全、城市管理、电力管理、智能交通、绿色农业、环境污染监测、远程监控、远程医疗、智能家居、金融、物流、文博、司法、户政等众多领域。是实现数字国家、数字城市、数字家庭的信息基础设施，也是最关键的技术。这里我们仅就一些实例介绍如下。

以信息化带动工业化，以工业化促进信息化，物联网是一个很好的切入点。工业生产自动化、机器连网化、控制信息化、管理规范化，物联网是一种有效途径。

一部手机游神州已司空见惯，移动电子商务实现了随时随地线上线下购物、支付及各种商务和金融活动，手机通宝一卡通已成为万能。

在安全防范方面，物联网更是以其"无所不在"及"无时不在"的特点，以及高效传输、快速感应的特性，被广泛地应用于众多领域的安全防范。例如，① 我国在 2004 年金卡工程中把 RFID 列为重点工作。针对食品、药品安全监管、煤矿安全生产、危险品与重要物资安全管理、航运、物流管理等领域中的应用已取得明显成效；② 最近无锡传感器中心的传感产品在上海浦东机场、上海世博会成功应用，用多种传感手段构成一个协同系统，对人员翻越、偷渡、恐怖袭击能进行有效防止；③ 智能化住宅在主人上班时，传感器能自动关闭水电气和门窗，并定时向主人手机发送家中安全消息；④ 物品的可溯源性，只要在商品、物品的包装上嵌入微型感应器，顾客用手机扫描就能知道产地、生产时间、运输状况、加工环境是否环保等，这对药品、食品、物品等的安全监管能起到追根寻源的作用，从而使监控有良好的保障，等等。诸如此类的例子甚多，不再赘述。

通过无所不在的传感器和传感网络，将感知的信息传递到互联网上，实现了任何物体及人，在任何时间、任何地点尽在掌握之中。例如，图书馆的书放在什么位置，物流公司的货物运到什么地方，儿童出门在外身处何处等，可随时随地了如指掌。

在远程监管与管理方面，物联网对智能交通的实现将会发挥重大作用，能对车辆拥挤状况、行车速度、交通事故、车辆调度等实施有效监管。在物业管理方面，已实现水电气的远程监测和抄表，以及电梯管理等。诸如此类的事情可以广泛扩展到其他领域。

在远程医疗与监护方面，我国已实现远程会诊与医疗。例如，身在沈阳的病人可以得到北京医学专家的会诊和医疗指导。这对提高医治水平、救死扶伤是特别有意义的。若将智能传感器装在老年人的手表上，其子女可随时随地通过手机查询父母的血压、心跳等身体状况，实现即时监护作用。

在绿色农业方面，中国电信已开发出国内首个基于互联网协议第六版（IPv6）的物联网应用系统，建立了实际应用的农作物温度综合监控系统。这对物联网在农业上的应用将起到先导性作用。

在防震抗灾方面，能给地球做巨型 CT。如果能利用传感网络采集到地震学研究所感兴趣的相关信息，如长周期地震波等，这对研究地壳结构会有很大帮助，对精确的地震预报、减少自然灾害有重大意义。若在众多移动基站布设台网（传感阵列），就可获得大量监测信息，这可能将会是地震学基础研究的一次革命。如同在地球内部结构研究中设置了一个巨型 CT 透视设备，这是对地球物理学研究的重大贡献。

以上仅仅列举了一些常见的应用实例，这足以说明物联网的应用是何等广泛何等重要。随着物联网的发展和广泛应用，必将掀起翻天覆地的一场信息产业大革命。这场信息产业的大革命，可能就在最近几年内爆发，信息"惊雷"将响彻云霄！唤醒人们为社会信息化、为美好的生活而奋斗！

1.4.3　我国的基本情况及存在问题

对物联网中有重要作用的 RFID，我国于 2004 年金卡工程中就把其列为重点工作。对药品、食品、物品的监管已取得明显效果。2005 年 10 月成立了"电子标签标准工作组"，目前已有 96 家成员，下设 7 个专题工作小组，正在研制国际项目 24 个，行标 10 项。现已初步建立了电子标签产品的检测中心、软件互操作中心、无线电检测中心等公共服务平台。正在建立自主物品编码体系，促使行业间应用的信息交流与资源共享。

1999 年物联网概念被提出，我国当年就启动研究，提出"感知中国"的豪言壮语，投入大量人力与资金，已在无线智能传感器网络通信技术、微型传感器、传感器端机、移动基站等方面取得重大进展，目前已拥有从材料、技术、器件、系统到网络的完整产业链。传感器技术方面处于国际前列。2009 年 6 月，国际标准化组织与国际电工委员会（ISO/IEC）举行首届传感网络标准大会，我国代表团提交 8 项技术报告，这标志着我国在传感器技术方面处于世界前列，有重要的话语权，是国际标准制定的主导国之一。

目前，我国发展物联网存在的问题主要有：① 概念多应用少，没有完全商业化，还谈不上产业规模；② 应用以模仿方式多，创新少，部分核心技术受制于人；③ 标准不完善，整合困难；④ 成本高；⑤ 地址短缺，需尽快实现 IPv6，但需要过渡时间。

总之，在发展物联网的过程中，要以应用为龙头，以技术为核心，以产业为基础，以标准作保障。在政府主导下，全民参与，以巨大的人力、物力、财力投入去占领这块阵地的制高点，物联网在实现社会信息化过程中已成为强大的引擎。

1.5 云计算是社会信息化的助推器

1.5.1 云计算的有关概念

云计算是信息技术领域的一次重大变革，当前在世界各地风靡一时。究竟什么是云计算呢？简单地讲，是指利用大规模的数据中心或超级计算机集群，通过互联网将计算资源按需租用方式提供给使用者使用，这种服务方式被称为云计算。更详细的解释还得从计算机的发展过程说起。计算机的核心是解决信息与知识的存储、处理和传播。在早期，信息是集中控制在中央主机内的，用户需要信息时需通过终端获得。20世纪70年代的计算机革命改变了由中央主机控制信息的局面，个人计算机广为普及，自己的信息自己存储，自主使用，自己是信息的主人。呈现出从集中到分散的局面。在互联网时代，个人计算机可通过网络互联，信息和知识的传播效率极大提高。但计算机功能和能力利用效率低，信息不能充分共享，操作复杂，成本也高。随着网络宽带化及"虚拟化软件"技术的实现，人们意识到"网络就是计算机"。可把计算能力、存储能力放到"网络"中去，需要时从网络中取出来。个人不需要再购买相关软硬件，也不需要知道计算资源在何处，也无须直接控制，需要时只需花钱买服务即可。这种无所不在的"网络计算机"大如"天"，其功能就像天上的"云"一样随来随去，在广阔的空间飘飘然，人们所需要的东西它几乎都有。人们需要什么信息或进行相关计算时，只需将"云"（云，喻指互联网，确切地说是指网络计算机）点击出来就是了，人们将这种计算功能形象地比喻为"云计算"，这是一种抽象的描绘，犹如我们经常将互联网图画成"云"那样。这样以来信息又从分散回归到集中，犹如人们常说的"分久必合，合久必分"的朴素哲学思想那样。云计算包括三个层次的服务：软件即服务（SaaS），是指通过互联网将软件作为服务提供给使用者，不是传统的软件商业模式，由人们购买软件使用；基础设施即服务（IaaS），是指"按需服务"；平台即服务（PaaS），是指"在线服务"。服务提供商都是为用户提供"打包"服务的。云计算实现了计算资源的按需分配和按使用量付费的方式。

云计算是计算机科学概念开启的一种崭新的商业模式。它通过整合、管理、调配分布在网络各处的信息资源，通过互联网以统一的界面，同时向大量用户提供服务。因此，云计算实际上是云服务，更确切地说是一种信息服务。它利用分布式处理（Distributed Computing）、并行处理（Parallel Computing）以及网络计算（Grid Computing）将成员的信息集中起来，反过来再向客户提供信息服务。这种做法最大的好处是极大地提高了信息共享程度，使得用户的信息资源极为丰富，使用信息也极为方便，同时，成本相对较低。

云计算的本质是信息服务，它具有超大规模、高可扩展性、虚拟化、软计算、按需服务、高度通用、成本低廉、安全可靠等特征。用户不需担心数据丢失和病毒入侵，也不需要关心资源在什么地方，对不同设备间的数据与应用提供广泛的共享，能极大地增强使用网络的能力。这些是其突出的优越性。

云计算是一种商业计算模型，它是将计算任务分布在由大量计算机构成的资源库（也称资源池）里面，使各种应用系统能够根据需要获取计算力、存储空间和信息服务。

1.5.2　云计算对社会的深刻影响

云计算对产业升级和经济发展有重大的意义。

① 抓住云计算带来的产业变革机会，实现跨越式发展。在云计算的大环境下，新的计算结构对中央处理器（CPU）、服务器、终端，以及各种应用软件都会带来变革性的变化，我们要抓住难得的机遇，认清技术发展脉络，看准方向，积极参与变革，创新发展模式，实现跨越式发展。

② 积极采纳大胆使用云计算成果，降低企业运营成本，提高运营效率，加速经济快速发展。由于云计算在未来的计算终端不再需要硬盘和CPU，能大幅度降低成本，存取信息可在资源库里进行。特别是中小企业不必担心业务快速增长会造成资源浪费，或因资源不足造成客户流失。因为只需要很小的代价就能获得相关信息。云计算的广泛应用必然导致软件产业结构的巨大调整，许多企业的工作平台和发展方向也要进行相应的重新定位。这既是挑战又是机遇，我们要充分利用我国市场巨大、技术先进、网络覆盖广的优势，抓住良机抢占行业发展的制高点，使经济发展有一个质的飞跃。

③ 电信公司既是计算的巨大消费者，又是最能提供"云"服务的运营商。众所周知，信息社会的快速发展，使得信息急剧膨胀，大规模的数据访问、数据存储已是数据中心的发展必由之路。数据中心在运营商的业务发展中越来越重要，为适应新的形势，数据中心必须从传统的存储中心向与运营商各种业务应用紧密结合的新型应用中心转变。即尽快将数据中心转变成"云"服务提供中心。云计算将给电信企业带来新机遇，在经营分析、网络管理、客户资料等方面都需要云计算，以此组建内部"云"重构信息技术支撑平台，提高自身管理水平。与此同时，充分利用电信公司本身的优越条件，如较大的数据中心，覆盖广技术先进的网络，巨大的组织机构和人力资源，庞大的客户群，及丰富的经验等，创建并提供公众的"云"服务平台，这样以来，一方面向用户推送云服务，另一方面趁机广结合作伙伴，整合并推出许多新的云服务项目，以满足各类用户不同层次的需求，从而使自身在整个商业运营中有质的飞跃，并立于不败之地，问题的关键在于抢占速度。如果能快速占领"云"服务的一席之地，就会给企业带来巨大的经济效益和社会效益，否则就可能被管道化。因此，云计算为使电信公司变成具有强大竞争力的综合信息服务商带来了良机。

④ 虚拟化是云计算的特点之一，是数据中心变革的动力。虚拟化的突出好处是降低成本、高效灵活、节能环保。当今的数据中心，为满足研发和业务需求，服务器的数量与质量不断攀升，电能的 35%～50% 被用于冷却及维持闲置状态下设备的能源消耗，每年的服务器更新及维护费用已成为信息技术部门的主要开销，这给企业带来巨大的压力。虚拟化技术有望较好地解决这一难题，在降低成本的同时实现绿色信息技术，并且为系统灾备方案提供了另一种选择。总之，不管是企业单位还是事业单位，也不论其规模大小，只要有一定规模的数据中心，向虚拟化数据中心转变都是最明智的选择。

综上所述，云计算对社会信息化的助推作用是显而易见的。虽然云计算技术目前处于起步阶段，能提供"云"服务的主流商家还不多，但由于它本身是信息技术中的信息技术，其社会影响力和带动作用将是巨大的。第一，云计算的发展将直接带动计算机技术、信息网络技术、软件技术、信息应用技术等跨入新一轮的发展阶段，使其有新起点、新规划、新目标、新突破。这对社会信息化将会是一种强有力的助推作用。第二，云计算使得大批的中小企业信息化跨入一个新的发展阶段，由于其低成本、方便快捷而使其信息化有一个大发展，信息化程度会普遍得到提高。第三，电信运营商构建云服务平台至关重要，因为网络平台是竞争的核心。不仅仅自身信息化水准得到极大提高，经营理念发生质的变化，而且业务范围大大拓宽，使其成为一个名副其实的综合信息服务商。这种变化导致的必然结果是经济效益、社会效益的显著提高。与此同时，人们也会普遍地感受到社会信息化带来的实惠与方便。

总之，随着云计算的不断发展和不断完善，其应用范围会渗透到更多领域，这对于信息技术的快速发展和广泛应用将会起到重要作用。因此，云计算对社会信息化进程将会起到助推器作用。

在此需要指出的是，云计算刚刚起步，从概念到具体实施、广泛应用还需有一个过程，许多问题待统一，待解决，其中用户重要信息的安全性就是一个严重问题，这可能有待立法加以解决。

1.6　实现信息化社会是人类追求的崇高目标

从现代经济发展和现代科学技术的发展情况可以推断：实现信息化社会是人类追求的崇高目标和理想。这是因为：第一，现代科技革命极大地提高了生产力与经济繁荣，其中所涌现出的高新技术群——信息技术、能源技术、材料技术、生物技术、空间技术、环保技术、海洋技术等是对经济发展和社会进步起先导作用的，而信息技术又是对这些技术起先导和引领作用的；第二，只有实现信息化社会，才能实现人人平等参与社会，并能够充分地享受信息与知识，最大限度地发挥与施展人们的才能与智慧；第三，信息化社会必然是经济发达、社会繁荣、物质文化丰富的和谐社会，这使得人们能够充分享受到生活的乐趣和工作的乐趣，人们的心情能得到最大限度的舒展，普遍有安全感；第四，信息技术革命极大地促进了世界经济一体化的发展。今天的信息技术高度发达，使得各个地区、各个国家的经济交往无论在广度还是深度方面都是空前的。经济上相互依存又相互渗透、相互竞争又相互促进、相互协同又互相制约，从资源配置、生产、流通到消费等领域实现了各种形式的交织和融合，从而使世界经济形成了一个不可分割的有机整体。全球经济一体化带来的好处是商品流通与服务高度国际化与高度自由化，使生产要素配置更加合理，能大大地促使世界经济高速发展。可以说如果没有高度发达的信息技术，世界经济一体化将难以实现。当今的科学技术成就，既是分别属于各个国家的又是属于世界的，而最终都是属于全人类的。世界各国的社会信息化与信息化世界是支撑世界经济发展的主要动力和保障。这对于任何一个国家来说都是不例外的。

经济高速健康的发展离不开信息技术的支撑，反过来，经济快速的发展，又会极大地促进社会信息化的发展。在这样相互促进的发展中，才能真正实现高速发达的信息社会。

这里所说的高度发达的信息化社会，是指"信息"就像空气、水、粮食一样是不可缺少的；和谐的人类关系，是指世界各个国家、各个地区，不分民族、不分肤色、不分信仰都能够和睦相处。

1.7　结　尾　诗

总结本章核心理念，如诗所云：

　　　信息本质是消息，抽象符号附载体；
　　　特殊商品人人要，信息社会早来到。
　　　信息社会需公平，信息公平才和谐；
　　　经济繁荣物质多，太平盛世心里乐。
　　　社会实现信息化，两个条件最重要；
　　　政府主导定基调，全民参与不可少。
　　　信息技术靠网络，物联网络是先锋；
　　　云计算是助推器，信息社会来得早。

第2章　社会信息化总论

开篇诗　人类文明演进史诗

> 开天辟地万物生，靠天靠地靠自己。
> 人类演化千万年，文明世界才实现。
> 历尽磨难苦中斗，社会和谐才知甜。
> 科技创新人为本，信息社会人舒展。

本章主要论述信息化的有关问题，包括人类的文明演进历史，信息化社会的产生、发展与归宿，信息社会所带来的深刻影响，信息化社会的方向与重要指标，以及信息化技术的各个方面等。

2.1　概　　述

纵观人类文明的发展历史，可以从多角度多方位去描述，去探讨。无论从何种角度去深究其历史进程，都是一个漫长的演进过程，也都是从低级到高级，从落后到先进、从愚昧到聪慧的长期发展过程。

2.1.1　从人类社会发展史看人类文明的演进

人类从完全愚昧到依靠简单的劳动维持其生存时，就进入了原始社会。由于无剥削无压迫而是一种完全自然的"共产"状态，所以称做原始共产社会。随着人类的开化及劳动技术的改善和提高，社会中有了剩余劳动果实，人们的平等地位渐渐地被打破，强者占有较多的劳动果实和生产资料，社会开始分化，并形成两大对立的阶级，于是奴隶社会形成并发展。在奴隶社会发展到高级阶段时，出现了小规模的商业和手工业，这个时期，拥有土地的多少就成为社会权力大小的重要标志。于是，便进入了封建社会。在封建社会的末期，工业、农业、商业都有较大的发展，人们追求"资本"的欲望空前膨胀，并且不局限于拥有土地的多少，而是把大规模的工业，发达的商业、金融业作为占有资本的主要手段和方法，于是就出现了形形色色的资本家群体。科学技术的不断发展和创新，极大地促进了工业、农业、商业以及交通运输业的快速发展。这一进程促使资本（财富）迅速集聚，从而导致资本拥有者有更多的财富，而社会的另一部分人，虽然人数众多，但都沦为依靠出卖劳动力为生。工业革命的到来，使生产率得到极大的提高，从而加速了财富的会聚效应。以后到了高度发达的资本主义时期，两极分化和两大社会群体的高度对立，必然导致工人阶级（或无产阶级）的社会革命，于是便出现了社会主义社会。社会主义社会是以共同富裕为基本特征的。它的高级阶段是共产主义社会，是以更大范围更高层次上的人人平等共享社会财富的社会。

2.1.2　从社会生产力发展的角度纵观人类文明史

科学技术从来就是先进生产力的集中体现和主要标志，是经济和社会发展的主要动力。马克思早就提出"科学是生产力"，"生产力中也包括科学"。邓小平则更进一步地指出"科学技术是第一生产力"。同时他还指出科学技术是解决经济建设问题的根本出路。

人类经过百万年蒙昧、数万年游牧、几千年农耕、数百年工商、几十年高科技，而到达现代的信息化社会，其发展速度越来越快。信息化社会也不过是近二三十年的光景。推动这一历史进程的主要动力有两个：一是阶级斗争，二是科学技术。

百万年蒙昧是指人类从野性人变为文明人的漫长过程。人类从猿人进化到智人。这一时期的打制石器、人工取火、创造文字为其代表性技术。特别是人工取火，在人类进化史上有着特别重要的意义。在漫长的游牧生活中，依靠狩猎、小规模养殖以及简单的耕作为生，这一时期以刀耕火种为其生产力的基本特征。石器（既是武器又是工具）与火这两件东西大大地促进了人类从单纯的狩猎和采集经济向利用自然和控制自然的转变，并逐渐过渡到农业经济。在古代，原始农业始于水量充沛、土地肥沃的一些大河流域，如尼罗河、底格里斯河、幼发拉底河、印度河、恒河、黄河、长江等。这些流域为农业提供了优越的自然条件，不仅造就了古代的农业，也产生了多姿多彩的科学技术与文化。使古代巴比伦、古代埃及、古代印度、古代中国成为四大文明古国。在古代埃及、古代巴比伦的影响下又创造出古希腊罗马时代的科学技术辉煌，使其成为奴隶社会的科技顶峰。几千年农耕是封建社会的基本特征，文明古国都有较发达的农业及农业技术。我国是世界上最早进入封建社会（公元前475—221年）的国家，有发达的农业及农业技术，并且有众多的农业专著。长期依靠人畜耕作、养殖、畜牧以及手工劳动为其主要的生产方式。中国古代的四大发明——指南针、造纸术、印刷术、火药是中华民族的伟大创举，对人类历史发展有重大影响。马克思曾把火药、指南针、印刷术看做"是预告资产阶级社会到来的三大发明"。数百年工商是以资本主义为时代背景的，随着时代的变迁，科学技术的进步，生产力快速发展。大规模的机械化、电气化、自动化生产为其社会的主要特征。这里不能不提对社会生产力有着巨大影响的四次技术革命。第一次技术革命，以哥白尼的《天体运行论》和牛顿的《自然哲学的数学原理》为标志的科学革命，催生了18世纪以纺织机和蒸汽机为先导的技术革命，引发了大规模的工业革命。特别是蒸汽机的发明和广泛应用开创了机器大工业时代，从此使科学技术成为生产过程中必不可缺少的因素，使生产力发生了质的飞跃。第二次技术革命，基于电磁理论的成就导致19世纪以发电机和电动机为标志的电气工业革命，其作用和影响力至今不衰。由于电能比蒸汽动力有明显的优势，它的应用广度和深度以及带动生产力的提高是空前的。第三次技术革命，基于19世纪末20世纪初物理学的辉煌成就（如相对论的创立，量子力学的建立）及一些重大发现（X射线、放射性、电子等），于20世纪中期引发了高科技技术群的革命，这次技术革命又称为新技术革命。其中最重要的技术包括信息技术、材料技术、空间技术、能源技术、生物技术、海洋技术、环保技术等。这些技术是属于知识密集型和技术密集型的，对国民经济和社会发展能起先导性作用，是国家综合国力的主要标志。第四次技术革命，可称为信息化革命，是新技术革命的延续和延伸，也是新技术革命导致的必然结果。基于 20 世纪末 21 世纪初互联网技术、通信技术、网络技术的快速发展和广泛应用，导致全球信息化的到来。信息技术不仅仅在生产领域广泛而普遍地被采用，并使生产力得到极大提高，而且政府部门、社会各团体组织、企事业单位、家庭、个人都在运用信息知识和技术进行管理和运作。信息化就像万能胶一样把世界各个国家和地区紧紧地黏合在一起，捆绑在一起，从而促进世界经济一体化。不仅如此，而且还深刻地影响着世界的政治格局和经济格局。这是任何一次技术革命所不及的。

综上所述，我们可以把生产力诸要素从

$$生产力 = 劳动者 + 劳动工具 + 劳动对象$$

关系改写成

$$生产力 = [（劳动者 + 劳动工具 + 劳动对象）+ 生产管理] × 科学技术$$

这一乘法关系凸显出科学技术是第一生产力的科学论断。

2.1.3　从科学时代纵观人类文明史

人们常常将某一时期的重大科学技术上的成就，作为该时代的一种标志。根据这一理念大体上可以把科学时代归纳为：蒸汽机时代、电气时代、原子时代、电子时代、光子时代、信息时代。蒸汽机时代是以蒸汽机的发明和应用为标志的。电气时代是以发电机的发明和应用为标志的。19 世纪核物理学的建立催生了核技术的广泛应用，原子弹就是一个典型。电子管及晶体管，特别是集成电路技术是电子时代的标志。激光器的发明和广泛应用标志着光子时代的到来。光纤通信技术的普遍应用标志着信息时代的降临。这些科学技术的成就，是一个时代的标志性成果。它一方面表明人类对于客观世界的认识深刻程度，另一方面也表明了人类对于客观世界的利用、改造的程度。

综上所述，我们可以得到这样的一个结论：人类文明史的发展速度越来越快，人类的文明程度越来越高，时至今日，已达到一个前所未有的高度，这就是信息化时代。

2.2　信息化社会的产生、发展与归宿

2.2.1　信息化社会的产生

信息化社会起源于互联网的发明、发展与普及。互联网发展到今天大体上经历了三个发展阶段。第一个阶段是科学实验阶段（1969—1994 年），1983 年互联网（TCP/IP）这个名称被确定下来，并于 1986 年在美国建设了全国网络。第二阶段是社会化应用启动阶段（1994—2001 年），并开始商业应用。在这期间万维网（WWW）技术的发明极大地降低了信息交流和资源共享的技术门槛，促进了互联网的快速普及。第三个阶段是社会化应用发展阶段（2001 年

至今）。由于光纤通信网络的普遍建设，以及宽带无线及移动通信的迅速发展，再次极大地促使互联网的快速发展和普及，实现了真正意义上"人人参与"的理念。至今，互联网的应用已渗透到政府机关、社会团体、企事业单位、家庭等各个行业当中，成为国家信息基础结构的重要组成部分。这一阶段的迅速来临和发展，意味着社会信息化已来到人间。"人人共享信息和知识"的《原则宣言》将要实现。

2.2.2　信息化社会的发展

信息化社会的快速发展始于信息高速公路概念的提出，以及被世人所公认。信息高速公路（Information Super Highway）的基本含义是：由通信网、计算机、信息资源、用户信息设备，以及与人构成的无所不在，互连互通的高速信息网。也即一个强大的国家信息基础结构（National Information Infrastructure，NII）。对于全世界来说，就是一个强大的全球信息基础结构（Global Information Infrastructure，GII）。世界的高速信息网是由各个国家各个地区的高速信息网互连互通所构成。它将极大地推动信息化社会的快速或超快速发展。

2.2.3　信息化社会发展的归宿

建立一个高速完美的"无缝网络"，实现"无处不在、无所不包、用户驱动、互连互通"的个人全球通信，是信息化社会的最高境界。信息网络的高度发达，再加上其他高科技的成就，使人们的交往就像在一个村子里一样方便、快捷。地球虽然很大，聊天室的"虚拟现实"（Virtual Reality）使得人们的交流能实现千里之外面对面，犹如拉家常一样的方便、自在。虚拟现实是非物理存在，但却能被人们所感知和控制的电子现实空间。它使千里之外的人们能集合在一起，自由走动，互打招呼，谈天说地，谈笑风生。它使科幻小说中的梦幻世界变成了现实。从这一点说，"地球村"又变成了"聊天室"。因此，个人全球通信发展到高级阶段就是社会信息化的归宿。

2.3　社会信息化所带来的深刻影响

2.3.1　信息高速公路的根本功能

以光纤通信网络为骨干网络，建立遍布全国（或全球）的双向大容量高速数字传递网，将政府部门、企事业单位、各类社会组织以及家庭联系起来，并向它们提供最好的服务。也就是说，用高速信息网将整个社会联系在一起，并为人们提供尽可能多的廉价的优质服务。这就是信息高速公路的根本功能。

2.3.2　社会信息化带来的巨大而深刻的影响

社会信息化是各行各业信息化的总称。它的高度发展必将影响社会的各个方面。包括国民经济、国家安全、生产过程，以及人们的生活方式、工作模式，甚至吃穿住行等。这里就与人们密切相关的也是最普遍最重要的方面作一综述。其中已被人们所感知到的，或者享受到的有以下诸多方面。

信息化的社会极大地促使人们的文化教育素质的提高。社会所有成员，不论年龄大小，居住何方，都可以享受到常规教育、远程教育、网络教育。不仅如此，而且可以聆听最优秀老师的讲授，使用最好的教材，享受最好的实验条件。因此，人们的科学文化素质将会普遍地提高。文盲、科技盲将会逐渐地被淘汰，直至根绝。

信息技术是许多科学技术的基础，在科学技术当中是先导性技术。它的发展必将引领和带动其他科学技术的发展。也就是说科学技术本身也要信息化。

科学技术的创新将是信息化社会发展的主流，人类掌握自己命运的时代将会到来。由于社会高度信息化，人们获取有价值的资料变得十分便捷，这对科学技术的进步和创新提供了有力的保证。可以肯定地预言：创造发明呈雪崩般增长将是信息化社会的最显著特征之一。人们的聪明才智及其潜能将会得到最大限度的发挥与释放。科学技术的春天人才倍增的时代就要到来。

社会信息化将会极大地带动制造业。制造业是国民经济的支柱，是核心。信息化在工业现代化当中将是牵引力巨大的火车头。它将带动整个工业飞速前进。信息技术是实现工业自动化、管理网络化与智能化的灵丹妙药；信息技术是提高生产效率确保质量的唯一途径，也是最有效的方法；信息技术在协调整个工业生产链当中将起大管家作用，能够促进工业各部分成为一个有机的整体并协调一致的发展；信息技术是工业创新及技术革新的法宝、利剑。

随着科学技术的日新月异，人类对客观事物的认识不断深化，人类改造客观世界的本事越来越大。人们将会通过生物工程、基因工程、辐照技术等多种手段，创造出数量大、品种多、品质完美的农产品、畜牧产品、渔业产品，以及各种果类。社会物质的极大丰富，将使贫富差距变得越来越小，甚至最终消失。

随着科学技术的迅猛发展，以及社会财富日益丰富，人们的寿命将会大大地延长。人们将普遍地享受高质量医疗救治与科学生活，再加上远程医疗与诊治，将使人们的生命得到保证与延长。随着人们对各种疾病的深入了解，以及预防疾病和诊治疾病能力极大的提高，人们的寿命由疾病决定的时代将一去不复返。人们的寿命将完全由自然"磨损"所决定，将来人类普遍能活一百多岁，这不再是天方夜谭。

随着社会信息化程度的不断提高，人们的工作模式将面貌一新。许多工作将是自动化、半自动化、智能化的或是由机器人所代替。无纸化办公、异地办公、运动中办公将是普遍的。家庭－工作场所两点一线的工作模式将会被打破。工作中有娱乐，娱乐中有工作将是普遍的。

2.3.3 "信息"将成为人类赖以生存的三大要素之一

随着信息化社会的高度发展，人们越来越感觉到信息是信息化社会人们赖以生存的三大要素之一。信息就像物质和能源一样是不可缺少的。物质给人以享受，能源给人以动力，信息给人以质量（生活质量和工作质量）。在现代社会，人们能普遍感受到社会信息化所带来的一切享受。

总之，信息已成为人类生存和发展的三大要素之一，随着社会信息化的进一步发展，其重要性会越来越凸显。

2.4　信息化方向及其重要指标

2.4.1　信息化方向

社会信息化主要依靠高度发达的完美的信息网络来实现。当前的各种信息网络互连互通性差，宽带能力不够理想，全业务功能受限。为了实现整个社会的高度信息化，必须是按照同一个目标、统一的标准互连互通，形成一个天地覆盖、四通八达、各种信息流畅通无阻的高速信息网络是社会信息化的核心，其发展方向就是尽快实现以下"七化"：

① 数字化——信息化的必由之路；

② 宽带化——社会信息化发展之必须，实现"3T"（传输速率、交换速率、存储能力达到 T 量级）是时代的要求；

③ 综合化——语音、数据、图像、多媒体等缺一不可；

④ 智能化——实现自愈功能，是网络维护、安全、高效运转的必然选择，实现故障诊断、恢复、网管等功能的自控性；

⑤ 个人化——随时随地个人驱动；

⑥ 标准化——实现规模生产，互相通融，价廉物美的根本措施；

⑦ 全球化——全球通用性。

各种信息网络都要通过这"七化"，并按照下一代网络（NGN）的总要求，实现全 IP 化（ALL IP）及全光化，最终实现各种网络的互连互通。并构筑成统一的全业务大网。

2.4.2　社会信息化的重要指标

社会信息化水平已成为衡量一个国家或地区现代化程度的重要标志。那么社会信息化水平怎么衡量呢？可有多种形式多种标准，既可通过一定形式进行定量测算（见附录），也可将最重要的信息化领域的人均指标作为标志。但是最有普遍意义也最能说明问题的是电话普及率、电视机普及率以及互联网用户的普及率。普及率是每百人所拥有的数量，数量越大则说明普及率越高，信息化程度也越高。这是一种最直观的也是最简易的表述信息化程度的方法。

1. 电话普及率

电话通信是最普通的一种通信方式，也是最重要的一种通信方式。我国已建成遍布全国的光缆骨干网，除了八纵八横外，许多运营商、专网都有骨干网分布在全国各地。城市亦建成规模宏大的以光缆通信为骨干网的城域网。光缆接入网也开始普遍铺设。移动通信网正在蓬勃的发展，并且一个高潮接着一个高潮。而我国的卫星通信网已覆盖 200 多个国家和地区，形成天地海下的立体通信网络。在这种背景下，截至 2009 年底，我国电话用户总数已达到 106 107.2 万户。其中移动电话数增加速度很快，用户数达到 74 738.4 万户，电话普及率达 57.49

部/百人；而固定电话用户数不断减少，电话总数为 31 368.8 万户，其普及率为 24.12 部/百人。两者相加，我国电话总普及率达到 81.61 部/百人。而且随着我国 3G 移动通信大规模的商用实施，以及"村村通工程"的进一步推进，电话普及率还将快速上升。根据目前的发展势头，近两三年内，我国电话普及率有可能达到 100%。

表 2-1 是 2004—2009 年电话用户数与净增用户数的情况。从该表可以看出，我国电话用户是逐年快速增长的，但净增户数是逐年下降的，说明电话用户的发展逐渐走向平稳。同时由于移动电话方便、灵活而呈现快速发展，而固定电话由于不能移动、不够方便而逐渐减少。固定电话中，住宅电话虽说是主体，但是呈逐年减少的趋势，增加的用户主要是政企。移动电话用户不断快速增加，固定电话缓慢减少，但总的用户仍是增加，预计到 2012 年我国电话普及率可能达到 100 部/百人。

表 2-1 　　　　　　　　　　**2004—2009 年电话用户数与净增用户数**

用户数（万户） \ 年份	2004	2005	2006	2007	2008	2009
到达数	64 658.1	74 385.1	82 884.4	91 273.4	98 203.4	106 107.2
净增数	11 388.1	9 727.0	8 499.3	8 389.1	6 930.0	7 903.8

2．电视机普及率

电视广播与收看户数的多少是标志一个国家社会信息化水平的另一个非常重要的指标。由于电视广播的特殊性，它在新闻报道、国家大政方针宣传以及广大民众文化娱乐、教育等方面起着重大的作用。所以各国政府都特别重视，我国也是如此。从统计的数字看，我国电视机拥有量约为 5.2 亿部，平均每户为 1.3 部，每百人为 40 部。据 2010 年初公布的数字可知，我国有线广播电视用户已达 1.64 亿户，其中数字电视用户为 6 316.8 万户，有线数字化程度达到 38.65%。目前全国已有 229 个城市进行了数字化整体转换，有 100 多个城市完成了转换。下一代广播电视网（NGB）即将浮出水面，移动多媒体广播电视（CMMB）已开始运营。我国已建成广播、电视并重，无线、有线、卫星、互联网、移动多媒体广播等多种技术并用，天地一网的现代广播电视覆盖网，表 2-2 是我国广播电视覆盖率的统计结果。由此不难想象出，作为地域广阔、地形复杂、经济处于发展中的中国，广播电视人口覆盖率能达到 96%是多么了不起的成就。

表 2-2 　　　　　　　　　　　　**我国广播电视覆盖率情况**

覆盖率（%） \ 年份	1982	1985	1990	1995	2000	2005	2008
广播覆盖率	64.10	68.30	74.70	78.79	92.47	94.48	95.96
电视覆盖率	57.30	68.40	79.40	84.51	93.65	95.81	96.95

3．互联网用户的普及率

互联网用户的多少是反映社会信息化程度的又一个非常重要的指标。到 2009 年底，我国网民总数为 3.84 亿人，居世界首位。其中宽带网民数为 3.46 亿人，占网民总数的 90.0%，也居世界第一。互联网普及率达 28.9%，超过世界平均水平（21.9%）。据可靠预测，我国在近几年内还会有明显的增加。其原因有两点：一是网民的结构发生了较大的变化，农村网民开始大幅度的增长，而且增长规模越来越大；二是受 3G 业务开展的影响，手机上网用户飞速发展。手机和笔记本电脑作为网民上网的终端迅速攀升，互联网随身化便携化日趋明显。此外，在下一代互联网（NGI）方面，我国走在世界前列。2004 年底，我国首个建成 IPv6 演示网（IPv6 是 NGI 的重要协议）。在 2005 年底，我国已建成世界上最大的 IPv6 网。IPv6 地址数量为 128 位编码［IPv4 为 32 位编码，能提供网际协议（Internet Protocol，IP）地址大约 40 亿个，现已分配 70%，资源殆尽］，IP 地址资源丰富，可以说是取之不尽，用之不竭。这将极大地推动我国互联网事业的发展。而且随着 3G 移动通信的大规模商用，我国移动互联网将呈现井喷时代。所有这一切都将极大地促进我国互联网用户的快速增长。

2.5　社会信息化的支撑技术

2.5.1　信息化产品的生产

　　信息化产品，一般都是从信息源开始，经过搜索、筛选、分类、整理、编辑等一系列的处理、加工成为信息产品，最终传输给信息消费者进行消费（使用）。

　　与能源、物质相比，信息最大的特点是可以复制、再生。所以知识产权保护在信息产品的制作、传播和消费中占有十分重要的地位。

　　总之，加速生产信息化产品是加速社会信息化的重要途径和手段之一。随着我国经济的高速发展，人民的物质文化生活水平快速提高，我国的文化产业将会出现一个大繁荣时代。

2.5.2　信息的传播与交换

　　利用发达的通信技术组成高速信息网，以实现信息的传播与交换。传输仍是依靠有线通信和无线通信。有线传输主要是光纤通信，担负了目前传输量的 95% 以上，是传输的主要手段。无线通信目前已发展成三个独立的领域：微波通信、卫星通信以及移动通信。微波通信，其容量较小，是兆量级，目前发展较慢。卫星通信，这些年来发展很快，应用领域也大大扩展。其频带有两个窗口，4/6GHz 和 20/30GHz，军用的在 7/8GHz 范围。而移动通信是当前最热门最火暴的领域。宽带从 2G、3G、B3G 到 4G 方向迅速扩展。当前各种通信方式除追求宽带化外，就是相互交融，你中有我，我中有你。不过都是以光纤通信为支撑核心的。它们之间的关系如图 2-1 所示。图中交叉部分是表示相互交融，例如，卫星通信中的地面站与市内的联系，移动通信中基站与基站、基站与交换局之间，微波通信中微波站与市内之间等都是采用光纤通信进行传输的。

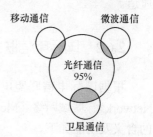

图 2-1　通信技术相互关系示意图

在交换技术方面，早期的业务大都是话音，它是以电路交换为主的。而数据业务的急剧增加，导致分组交换迅速发展。近几年来，由于各种业务的增加，为了提高网络效率及解决网络间的互连互通，软交换技术迅猛崛起，并成为 NGN 的核心技术之一。在网络实现全光网络时，光交换是不可缺少的，而且是网络中的核心技术。

2.6 信息网络的种类、界定及特征

2.6.1 信息网络的分层结构

图 2-2 是当前通信网络的基本架构，该图以城市网为例说明其结构。图中的长途（交换）局与其他城市的长途局相连，并构成全省及全国的骨干网。汇接局将本局周围的电信局相连，并汇聚本局覆盖区域的电信业务，转接本市其他区域的电话及长话业务。电信局直接面对终端用户或社区网络，转接接入网的各种业务。分层结构如图 2-2 中所示。

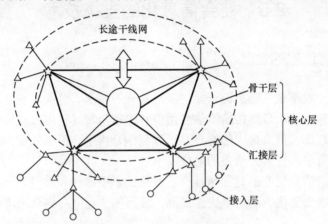

图 2-2 城域网的分层结构

图中符号：◯ 长途局；☆ 汇接局；△ 电信局；◯ 驻地网或用户终端

由图 2-2 可以看出，网络是分层结构。由汇接局构成骨干层，是通信的枢纽部分，是网络的核心。电信局与汇接局之间构成汇接层，也称为汇聚层。其作用是将本区域的信息进行汇聚并上传，这两层一起构成城域网的核心层。电信局与用户终端之间构成接入层，也即是城市接入网部分，是通信网络与用户直接相连的部分，担负起所有信息进出网络的通道。

2.6.2 国际电信联盟电信标准部的建议

根据国际电信联盟电信标准部（ITU-T）的建议，电信网络一般分为核心网络（Core Network）、城域网络（Metropolitan Area Network），以及接入网络（Access Network）。它们的含义及功能如下。

① 核心网络是国家的骨干网络，担负长距离大容量传输系统，是通信网的核心。其网

径一般覆盖整个国家的广大地域。

② 城域网络是覆盖全城市的通信网络，由于城市大小和经济发达程度的差别，城域网络在规模及速率方面差别也较大。典型的城域网络如图 2-2 所示。

③ 接入网络是指电信局到各个社区之间的通信网络。通信距离一般较短，速率相对也较低。

2.6.3 信息网络的划分及其主要特征

根据 ITU-T 建议以及我国的惯例，我们可以把通信网络归纳概括为如表 2-3 所示的几种类型。

表 2-3   通信网类型及特点

名　　称	缩　　写	性　　质	特　　点
全球网	GAN(Global Area Network)	公用网	网径为全球范围，高速或超高速，速率为 Gbit/s 或 Tbit/s 量级
国家网	NAN(National Area Network)	公用网	网径为全国范围，高速或超高速，速率一般在 Gbit/s 到 Tbit/s 量级 国家一级干线和省内二级干线组成
广域网	WAN(Wide Area Network)	国家专用网	网径为一个地域或整个国家，速率为 Gbit/s 量级
城域网	MAN(Metropolitan Area Network)	有公用网及专用网	网径为整个城市（包括郊区），速率为几十至几百 Gbit/s
用户网 或 接入网	UN(User Network) AN(Access Network)	公用网	网径为几至几十 km，速率为 Mbit/s 至 Gbit/s 量级，设备种类多，技术复杂，市场大
局域网	LAN(Local Area Network)	专用网，单位或个人所有	网径几十 m 至几 km，速率为几十 Mbit/s 至几百 Mbit/s
家庭网	HN(Home Network)	家庭所有	网径为家庭范围，速率几 Mbit/s 至几十 Mbit/s

除表 2-3 外，还有许多网络是从功能、技术特征上划分的，其专用术语如下。

① 本地网：又称本地电话网，是指同一个编号区内的网络。

② 数据网：以传输数据为主的网络。

③ 智能网：能对信息进行储存、处理和灵活控制的一种网络。

④ 传送网：能在不同地点之间完成转移信息传递功能的一种网络，是为业务网提供各种传送手段的基础性网络。

⑤ 支撑网：支持业务网更好运行、增加网络功能、提高全网服务质量的一种网络，如信令网、同步网、电信管理网。

由上述可知，网络有大有小，功能各异，特点各不相同。通信网络是一个有机的整体，具有分层结构。就整个国家通信网来说，由核心网或骨干网、城域网以及接入网所构成。就城域网来说，一般分为三层：骨干层、汇聚层及接入层。而整个网络是由传输、交换和终端设备所组成。以上便是信息网络的概貌。

2.7 信息网络的发展方向

在这里我们重点介绍几个重要的信息网络的发展方向。

2.7.1 接入网的发展方向

接入网是直接与用户相通的网络，是一切信息进出网络的关口，是实现全业务网络的关键。众所周知，信息种类多种多样，有话音、数据、图像、多媒体等，速率有快有慢，有即时的也有不即时的等。与长途干线网相比，接入网有如下特点。

① 接入网网径较小，一般不需要中继器，但在用户较多情况时需要光放大器。

② 接入网中所需光电设备种类繁杂、数量庞大。

③ 接入网中所需光有源器件与光无源器件性能覆盖范围广、品种多、数量大。

④ 接入网的传输媒质以带状光缆、UV 光纤束光缆为主，光纤以重量更轻、直径更小、更宜于便捷安装的低弯曲损耗敏感单模光纤为最佳，即 G.657 光纤，其弯曲半径为 5～10mm，以光纤到家（FTTH）为最终目标。

⑤ 接入网市场巨大，约占通信网投资的三分之一。

鉴于以上情况，接入网发展的主要方向应该是：宽带、无缝与多元化。

为此，要解决好以下有关支撑技术的不断提高与普遍的商业应用。

① DSL 系列要不断改进，ADSL、VDSL 等是当前宽带接入的主流技术，然而带宽较小，传输速率仅几 Mbit/s 或几十 Mbit/s，远远不能满足每户 40Mbit/s～60Mbit/s，甚至 80Mbit/s～100Mbit/s 的带宽需求。如何提高速率呢？创新才有可能突破"瓶颈"。爱立信采用了用于 DSL 线路绑定和串音消除的最新技术，在双绞铜线上获得了 0.5Gbit/s 以上的数据传输速率，该技术被称为"矢量化 VDSL2"。这为客户提供低成本高性能连接，使运营商方便地传输 IPTV，经济意义巨大，但是目前还没有商业应用。

② 接入网除了要有足够的带宽外，就是要能够实现无缝接入，因此多元化接入手段是不可缺少的。大力发展无线宽带新技术，如 WiMAX、WLAN 等以及移动接入技术作为光纤接入的辅佐手段是完全必要的。

③ 加快 FTTH 的实施，当前要大力发展 xPON 的商业应用，特别是 EPON 与 GPON，两者各有千秋，会长期共存，协同发展。既要不断提高技术性能，更要不断降低成本。此外要密切关注下一代光纤接入技术的新发展，例如 10G EPON、WDM-PON（波分复用无源光网络），以及 HPON（混合波分时分复用无源光网络）等。

为了大力促进宽带接入网的发展，还必须在用户驻地网重点发展家庭网络。同时大力发展 IPTV 业务，这不仅将极大地促进宽带接入技术的发展，而且也将极大地推动网络融合。

2.7.2 交换网的发展方向

交换技术在通信网中十分重要，直接决定信息传递的快慢。现代交换系统不是单一的链路接续，而是集信息交换、信息处理和信息数据库为一体的复杂体系。除了电路交换、分组交换、宽带交换（如 ATM 等）以及光交换外，近些年来出现了软交换及 IP 多媒体子系统（IMS），这是最前沿的交换技术。

软交换是指利用软件使硬件软件化。其大大地改善和提高了交换系统的性能。我国从1999 年开始研究软交换，无论容量规模、业务规模、用户规模都堪称世界之首。中国的电话网成功由电路交换向分组交换平滑过渡，在我国电信系统中的广泛应用已取得了巨大的成功。IMS 采用了 IP 网络多媒体技术的成果，能支持多种业务和媒体协商能力。它采用 SIP控制，具有移动性管理、多媒体会话信令以及载体业务传输等优点，使端到端的 IP 业务畅通无阻，从而保障全 IP 化得以实现，这是通信网络发展的大趋势。IMS 带来的无缝、安全、简单、便携及个性化服务，这是移动运营商和固定运营商梦寐以求的。IMS 被公认为是未来融合的最佳控制平台，可以完全地预测到 IMS 作为一种新的通信结构，将会开创电信全新的商业模式和巨大的市场空间。

鉴于以上情况，交换网的发展方向应该是：

① 将当前的固定交换网智能化，并大力开发多种增值业务；

② 大力发展软交换的广泛应用，降低业务与网络的耦合度；

③ 积极开发并不断完善 IMS 技术，推进融合网络体系结构。

总之，数字交换网（第二代）要取代模拟交换网，并快速地向软交换（第三代）发展。而且我国已开始大规模商用并取得良好的效益。对于 IMS（第四代）技术，它将成就电信业的"体验经济"，所谓体验经济是指企业有意识地以商品为载体，以服务为手段，为消费者创造出良好的真正的自由通信感受。人们正期待着其大规模商用的到来。

2.7.3 互联网的发展方向

IPv6 和多协议标签交换（Multiprotocol Label Switching，MPLS）技术是未来网络的重要技术。两者相结合将为移动互联网发展提供快速数据交换、支持实时业务和移动性新型网络结构；两者相结合将极大地促进向 NGI 的挺进。这不仅是技术发展的需要，而且也是中国在技术上摆脱受制于美国的需要。其原因如下。

① IPv4 的地址空间有限（32 位编码），资源殆尽，分配给我国的数量不如美国的一个高校多。而 IPv6 是 128 位编码，地址空间数量巨大，每一个人，甚至包括每一个婴幼儿在内的人，都可占用若干个地址空间。

② IPv6 协议已内置了移动 IPv6 协议，为 3G、WLAN、WiMAX 等的无缝使用创造了良好的条件。

③ IPv6 内置 IPsec 以及发送设备有了永久性 IP 地址后，可以加密、追溯，从根本上解决了安全问题。

④ IPv6 的自动发现和自动配置功能，简化了节点的维护和管理。

⑤ IPv6 能解决许多热点问题，如 P2P 业务（在线聊天、游戏等）。从长远观点看，IPv6结合 MPLS 将最终成为 NGN（NGI）业务承载层融合协议。

MPLS 技术是一种实现数据高速传输和交换的网络技术，在无连接的 IP 网络中引入了面向连接的机制，通过采用一个短的、固定长度的标签（标记），利用标签分发协议（Label

Distribution Protocol，LDP）建立标签交换通道（Label Switched Path，LSP），通过标签交换机制实现分组转发。它利用 IP 原有的路由协议的灵活性和第二层标签交换快速、高效的特点，提供简单、高速的数据交换，保证 QoS 和安全性，支持显式路由和流量工程。

中国电信率先在世界上采用 IP 与 MPLS 技术建设成一个大容量的融合业务平台，简称 CN2，使得我国电信技术居于世界先进水平。

鉴于以上情况，互联网的发展方向应该是：大力发展 IPv6 技术，并不断完善其体系架构；大力促进 IPv6 与 MPLS 技术相结合，使移动互联网得到快速健康的发展。

2.7.4 移动网络的发展方向

加快从 2G 到 3G 的进程，且不放松 B3G、4G 的开发，是移动通信近几年来的主攻方向。我国已完成电信运营商的重组，三大运营商经营全业务，并将移动通信三种制式标准 TD-SCDMA、CDMA2000 和 WCDMA 分别提升到 3G（三者主要差别在空中接口，U-U）。3G 的传输网可分为核心传输网与接入传输网。核心网以 ASON+WDM 技术为主，接入网以基于 SDH 的 MSTP 为主。3G 移动通信在我国已开始大规模的商用。我国 863 计划启动了面向后三代/四代（B3G/4G）移动通信发展的重大研究计划——未来通用无线环境研究计划（Future Technology for Universal Radio Environment，FuTURE），实验系统由 3 个无线覆盖小区、6 个无线接入点组成。峰值速率为 100Mbit/s，硬件平台支持 Gbit/s 量级，具有高频谱利用率和低发射功率等突出特点。

B3G 为 3G 的增强型，是迈向 4G 的必要过渡。特别是 3GPP 近几年启动的重大新项目 LTE（长期演进）的研发，被看成是"准 4G"技术。它采用 OFDM 和 MIMO 作为其无线网络演进的基础性技术，以提高其 3G 空中接入性能。这已被业界看做是移动通信技术持续发展的强大动力。B3G 与 4G 的实施进度大致是这样的，预计在近几年完成频谱分配，主要标准的制定，并投入商用。与 3G 相比，速率更高、频谱功率更好，而且业务支持能力更强。

据报道，我国首个新一代 4G 移动通信技术取得突破，外验系统构建完成场试。在 2010 年上海世博会上，首次将 4G 试验网进行试商用。

2.7.5 传送网的发展方向

传送网的规模与质量对整个国家的信息化建设是极其重要的。宽带化、全 IP 化、全光化及智能化是其奋斗的方向。传送网的传输是以光纤通信为骨干，辅以无线通信、卫星通信等来实现信息传送。其中光纤通信承担了 95%以上的信息传送，是主要的传输手段。

光纤通信网络技术发展到今天，大体上经历了三个阶段。第一阶段是实现点到点大容量传输，目前已实现单纤单波长的传输速率 40Gbit/s，利用波分复用（WDM）技术，已实现单纤传输 25.6Tbit/s。这在容量、速率、可靠性方面已能完全满足需要，但没有解决组网问题。第二阶段是组建光网络，利用光交叉连接（OXC）技术、光上下复用（OADM）技术，以及重构光上下复用（ROADM）技术等组成较完整的光网络。ROADM 从波长阻断器（WB）技术由支持两个方向逐渐发展成至少支持 3～6 个方向。采用波长交换选择器（WSS）过渡，同时也解决了线路功率自动控制、波长功率自动均衡、自动色散补偿、波长踪迹监控等应用的关键技术。不过这样的光网络基本上是属于静态光网络。第三个阶段是建立动态光网络，实现光网络的自动控制，即实现智能化光网络。为适应多业务的突发性和灵活性，需满足动态要求，提供自动保护和恢复功能。在网络调度、资源配置等方面需要动态自动智能的控制。这其中最关键的技术是自动交换光网络（ASON）技术。在骨干网、城域网中，IP over WDM 两层建网模式正取代 IP over SDH over WDM 三层模式。在光层上直接承载 IP 的扁平化架构已成大势所趋。二层建网模式不仅仅简化了复杂的层层映射过程，降低了成本，提高了可靠性，而且与 ASON 一起成为动态光网络的支柱。

综上所述，传送网的发展方向应是"IP 化+智能光网络"，而光层面应主要是 NG WDM 系统，因此，尽快实现 ASON 技术上的全面突破、完善与提高，并尽快实现大规模的商业应用，是传送网发展的关键。为实现"IP 化+光网智能化"的总目标，需要解决：

① 光节点的智能化；

② 全网资源的动态分配。

ASON 的商业应用，将意味着信息网本质的提升。该技术虽然比较复杂，然而在我国的发展速度也是惊人的。我国已有多家通信设备制造商，相继推出商用产品，不仅应用于我国的光网络当中，而且有相当规模的出口，在技术层面上居国际先进水平。

2.8　结　　论

综本章所述，我们可以得到以下结论。

① 信息化社会是依靠信息技术建立高速信息网而实现的，它的最终目标是实现高质量的个人全球通信。

② 信息化技术是以光纤通信技术为核心的。无处不是网，人人离不开网，实际上是人人离不开光纤通信网。光纤通信网是核心的核心，是一切信息网络的基础、支柱。

③ 信息网发展的归宿是实现分布在全国范围内的整个网络的"IP 化+光网智能化"。

2.9　结　尾　诗

概括本章重要理念，如诗所云：

人类演化千万年，文明社会到今天。

科学技术是动力，推动经济大发展。

社会实现信息化，互联网络建奇勋。

信息社会使人变，两点一线更精彩。

人人都能受教育，科学技术出英才。

物质丰富人长寿，贫富差距逐渐消。

和平世界人和谐，太平盛世总会来。

物质能源不能少，信息成了宝中宝。

信息社会靠网络，统一目标最重要。

光纤网络是核心，无缝接入靠通信。

三大指标要求高，信化程度不能少。

信息知识大家享，平等参与才和谐。

电视电话因特网，你有我有他也有。

通信技术连成网，信流畅通无阻挡。

各种网络都得有，共存共长显特长。

光速世上称第一，光纤成了媒体王。

网络发展要定位，目标一致才能强。

IP 加上全光网，　四通八达浪顺畅。

无缝网络人人盼，人游世界成神仙。

千里之外能见面，说话就像拉家常。

信息社会是理想，人人参与出力量。

不怕千难和万险，共建大厦在今天。

第3章　我国信息技术领域的现状与主要成就

开篇诗　我国信息领域的新面貌

> 信息领域呈火暴，你追我赶真热闹。
> 处处听到捷报声，国人脸上喜盈盈。
> 信息技术是先导，带动经济呈飞跃。
> 百万雄兵齐奋勇，祖国面貌新又新。
> 通信大国是起步，力争强国是目标。
> 不畏艰难不信邪，民族气概贯长虹。

本章在全面地综合评述我国当前信息领域的现状与主要成就之后，得出我国开始从通信技术大国迈入通信技术强国的结论。

3.1　概　　述

当前我国信息领域的形势是：

> 运营商百舸争游，众厂家各显神通。
> 商战花儿红似火，累累硕果遍地摘。

3.1.1　信息通信技术的产生

1. IP 网络的发明、发展与普及，使行业界限变得模糊

IP 业务的迅猛发展，迫使电信业向它靠拢。而电信业向 IP 业务靠拢的同时，IP 网络的运营也开始向电信业扩展，从而形成一个新的技术领域，即信息通信技术（Information Communication Technology，ICT，根据我国情况也可称为信息电信技术）。信息通信技术的产生使长期从事话音服务的电信业的行业界限变得模糊，电信运营商的身份变得不清。而且随着信息技术领域各种技术的相互融合及业务交融，过去单一的业务运营模式将一去不

复返。

2．数据业务的迅猛增长，导致经济怪圈的出现

电信运营商为了适应快速发展的数据业务，纷纷从单一的语音服务向数据业扩张。仅几年的光景，数据业务就变成干线宽带的主要使用者。结果就出现了目前的局面：话音业务从占干线带宽的主导地位，一下子降到了 5%左右；而数据业务（主要是 IP）则消耗了干线 95%的带宽，而且这种趋势还在发展。

这种技术发展导致了一个经济怪圈的出现："先进的技术不赚钱，落后的技术赚大钱。"即数据业务以违背基本经济规律的模式在增长，而赚钱的语音业务又在下降。虽然如此，据 2008 年初的统计表明，话音业务的收入仍然占主要部分。目前的情况是：固网的话音业务收入占 95%，而移动网的话音收入也在 80%以上。随着数据业务的不断增长，这种比例会有所改变，但基本面不会有大的变化。

3．电信运营商迅速变成综合信息服务商

在过去的年代里，电信运营商只经营单一的话音业务。而现在不同了，除了话音业务外，还有许多宽带业务。而且服务项目的多少及质量好坏，将是其立足之本，生存之道。从而变成名副其实的综合信息服务商。

3.1.2　融合是大方向大出路

现代通信技术发展的一个最显著的特征就是各种通信技术相互融合。而且这种融合是多层面的，不可逆的。它包括以下几个方面。

① 电信网、因特网、有线电视网的三网融合；
② 电信技术与 IP 技术的融合；
③ 有线与无线的融合；
④ 无线与移动的融合；
⑤ 光纤传输与无线传输的融合；
⑥ 固网与移动网的融合（FMC）；
⑦ 业务融合；
⑧ 终端设备的融合；
⑨ 行业管制与政策方面的融合。

最终实现一网网天下，用下一代网络（NGN）统一所有网络。我国当前正如火如荼地大步流星地迈向 NGN。

3.1.3　设备制造商各显神通

在 ICT 环境下（或 IT&T）制造厂商各显神通，各出绝招。出现了一些过去不曾有的现象。特别是改革开放以来，出现了许多新现象、新思维、新气派，具体讲有以下诸多方面。

1．开发周期明显缩短

从概念提出到商业化，最短的仅需几个月。如 NGN、软交换、3G、E3G 等，在还没有标准或标准很不完善的情况下就出现了商品，尽管这些商品还不完善，但在概念上它还是符合标准的。

2．专利申请明显加快，知识产权保护深入人心

我国在 20 世纪 90 年代以前，专利申请呈现出两少一低的状况：申请少、授权少，质量低。随着信息技术的快速发展和知识产权法律纠纷的增多，人们越来越意识到知识产权保护的重要性，对知识产权保护意识明显增强，专利申请局面快速得到扭转，申请数量一年比一年多，质量也明显提高，并逐渐呈现出火暴局面。例如，在 2005 年，华为公司申报专利 4 389 项，中兴公司申报专利 1 468 项，其中发明专利占很大比例；在高速信息网络的联合开发研制中，光申报发明专利就近 50 项；在 3G 移动技术开发中，申报发明专利就达 80 多项等，不胜枚举。这些现象是过去不曾有的。

截至 2006 年，中兴通讯公司累计完成国内外专利申请突破 6 700 项，其中国外申请超过 750 项，手机专利申请有 500 多项。2006 年信息产业专利分析报告显示，中兴公司发明专利占申请专利总量的 93.39%，该比例居同行业全国首位。

据报道，华为公司 2008 年共申请专利 1 737 项，中国企业首次占据世界年专利申请方面的榜首，其次是松下、飞利浦、丰田、罗博特博世；2009 年，华为专利申请量为 1 847 项，排名世界第二；2010 年，全球最具创新力大公司华为名列第五。

大唐集团开启"中国创造"新时代，不仅代表我国提出 TD-SCDMA 3G 国际标准，而且还主导提出 4G 候选技术标准，拥有 7 200 余项发明专利，是专利申请过千的 12 家央企之一。通过"技术专利化、专利标准化、标准产业化、产业市场化"的四化的创新之路，成为我国创新型国家战略的典范。

烽火科技集团是我国光网络技术的开创者，最先实现了光通信技术的产业化，拥有大批的科技成果。专利申请有几千项，其中发明专利占 60%以上。

据 2010 年初国家公布的统计数据可知，2009 年三项专利申请共 97.7 万项，同比增长 18%，其中发明专利为 31.5 万项，同比增长 9%，国内发明专利申请量创新高，占发明申请总量的 73%。2009 年专利授权共 58.2 万项，比上年增长 41.2%，其中发明专利为 12.8 万项，同比增长 37%。在授权的发明专利中，国内专利所占比重首次超过国外专利。另外，我国 PCT 专利国际申请受理数量达 8 000 项，跻身世界前五。

综上可知，我国在知识产权保护方面取得了惊人的成就，在信息技术领域的开发研究中硕果累累，产业链规模及水平已进入了世界先进行列。

3．为占领技术制高点，申报标准出现火暴局面

我国向 ITU-T 提交的文件从无到有，从少到多，从单一领域到多领域，从单一层面到多层面，从少数公司到众多单位，出现了火暴局面。例如，2005 年向 ITU-T 提交有关网络、交换的标准草案有 200 多项，为历年来之最。在 NGN.FG 第三次会议上，我国提供了 140 篇文稿；在传送网和接入网方面向 ITU-T 提供了 80 篇文稿，其中大部分被采纳；IP 与多媒体领

域在 ITU-TSG16 中一次就取得 4 个建议标准号，和 2 个非标准号；烽火科技一位博士个人就申报了三项标准并得到批准。此外，电信、华为、中兴、烽火科技、大唐等领衔起草的标准也不少。另外在标准化组织中，当选主持人的也大有人在。

国内标准化的制定与申报也是如此。已制定国标 300 多项，行业标准 1 000 多项。

4. 宣传力度空前加强，纷纷由内向型转为外向型

海外开拓已是势不可当。中兴公司从事国际市场推广的员工已有 6 000 人之多，占员工的 50%，为全球 120 多个国家和地区提供高性价比的产品与服务。华为、烽火等海外市场开拓也搞得红红火火。

承包建设国外的 NGN、3G 网络、光传输干线遍布世界各大洲。在国外设置研发中心、测试中心、办事机构、销售网点，已是处处有国人的身影。

纵观设备制造商的发展形势，真是一派大好，生机勃勃。

3.1.4 我国信息化水平空前提高

信息化水平主要体现在电话普及率、电视机普及率以及互联网用户普及率三个方面。我国在解放初，即 1949 年，全国只有固定电话 21.8 万部，普及率不到 0.05%。到 1978 年也只有 170.8 万部，发展缓慢。在改革开放以后，特别是 20 世纪 80 年代以后，发生了迅猛地变化。电信业每年都以 20% 以上的速率增长。改革开放 30 年间，我国已建成光纤、数字微波、卫星、程控交换、移动通信、数据通信等覆盖全国、通达世界的公用电信网。1978 年，当时 9 亿人口的中国只有 406 万门电话交换机。30 年来，电信业年投资额从 1978 年的 2.6 亿元猛增到 2007 年的 2 370.1 亿元，增长 900 多倍。到 2007 年，全国固定长途业务电路达 321 437 个 2M；长途自动交换机容量由 1978 年的 0.2 万路端增加到 1 709.2 万路端；局用交换机容量比 1978 年增长 125 倍。从 1988 年到 1997 年，我国移动交换机容量从不到 3 万户猛增到 2 585.7 万户，10 年增长 861 倍；从 1998 年到 2007 年，移动交换机容量新增 82 910.4 万户，增长 32 倍；到 2007 年，全国移动电话交换机容量达 8.5 亿户，19 年年均增长 71.6%，到 2007 年，固定电话用户达 36 563.7 万户，比 1978 年增长 188.9 倍。以上是改革开放 30 年的巨变。2008 年至今，虽然受到国际金融危机的严重影响，我国在电信业仍保持能力不断提高、用户不断攀升的良好发展态势。信息化三项指标达到新高：电话普及率达到 81.61%，电视机普及率达到 40%，互联网普及率达到 28.9%。就电信能力建设而言，取得了新的辉煌。2009 年，全国光缆线路长度净增 148.8 万 km，达到 826.7 万 km。其中长途光缆线路长度净增 3.9 万 km，达到 83.7 万 km。固定长途电话交换机容量净增 15.1 万路端，达到 1 705.9 万路端；局用交换机容量（含接入网设备容量）减少 1 643.8 万门，降至 49 219.4 万门。移动电话交换机容量净增 27 579.9 万户，达到 142 111.2 万户。基础电信企业互联网宽带接入端口净增 2 702.0 万个，达到 13 592.4 万个。全国互联网国际出口带宽达到 866 367Mbit/s，同比增长 35.3%。表 3-1 是 2009 年我国主要电信能力指标增长情况。在村通工程和农村信息化建设方面也取得很大进展。共为全国 2.7 万多个偏远自然村和行政村开通电话，其中行政村开通率达 99.86%，20 户以上自然村开通率为 93.4%；开通互联网的乡镇比重从上年年底的 98% 提高到 99.3%，开通互联网的行政村比重从上年年底的 89% 提高到 91.5%。

表 3-1   **2009 年主要电信能力指标增长情况**

指 标 名 称	到 达 量	比上年末净增量
光缆线路长度（km）	8 266 655	1 488 159
其中长途线路长度（km）	837 159	39 180
固定长途电话交换机容量（万路端）	1 705.9	15.1
局用交换机容量（万门）	49 219.4	−164 3.8
移动电话交换机容量（万户）	142 111.2	27 579.9
互联网宽带接入端口（万个）	13 592.4	2 702.0
互联网国际出口带宽（Mbit/s）	866 367	226 080

在互联网技术方面，IPv6 主干网核心技术取得重大突破，于 2006 年 9 月通过国家验收。当时与 20 个城市和 167 所高校互连，速率达 2.5～10Gbit/s，提高了 100 多倍。技术上有四大突破：① 开创了世界上第一个纯 IPv6 主干网；② 世界上首次提出了真实源地址认证的新体系结构理论，为安全性提供了保证；③ 首次提出向第二代互联网过渡的技术方案，为顺利过渡提供了保障；④ 具有自主知识产权的 IPv6 路由器大规模应用将彻底摆脱对国外的依赖。IPv6 是 128 位编码，资源可无限扩充。

2007 年 2 月，中国电信承担的"中国下一代互联网（CNGI）示范工程核心网和上海互联交换中心项目通过国家验收"。主要是国产设备，在北京、上海、广州、南京、西安、长沙和杭州设有核心节点。节点间最大中继带宽为 10GHz。用户可采用多种接口以不同速率接入 CNGI。该网不仅与 IPv4 兼容，而且与国内外的许多专网、IPTV 能实现互联互通。

3.1.5　电信业超常规发展及对国民经济的贡献

改革开放 30 年，我国电子信息产业取得了举世瞩目的伟大成就，2007 年与 1977 年相比，产业规模翻了 12 番多，居国内工业部门首位，制造业规模列世界第二。2007 年电子信息产业工业增加值达 13 083 亿元，相当于 30 年前的 472 倍，年均增长 22.8%；利税总额 3 127 亿元，相当于 30 年前的 1 421 倍；出口额 4 595 亿美元，占全国出口额的 37.7%；工业增加值占全国 GDP 的比例由 1977 年的 0.7%上升到 2007 年的 5.3%。我国电子信息产业已初步形成门类齐全、产业链完整、产业基础雄厚、创新能力日益提升、国际竞争力明显增强的大好局面。我国开始从电子信息技术大国开始迈向强国的行列。

据工业与信息部统计结果显示：2008 年，全国电信业务总量累计完成 22 439.5 亿元，比上年增长 21.0%；电信业务收入累计完成 8 139.9 亿元，比上年增长 7.0%；电信固定资产投资累计完成 2 953.7 亿元，比上年增长 29.6%。在世界金融危机的大背景下，2009 年电信营业收入也取得较好成绩，累计完成 8 707.3 亿元，同比增长 4.1%，其中，电信主营业务收入累计完成 8 424.3 亿元，同比增长 3.9%。各项电信业务中，移动通信网业务收入 5 090.9 亿元，同比增长 13.2%，占主营业务收入的比重为 60.4%；固定本地电话网业务收入 1 356.8 亿元，同比下降 14.4%，占主营业务收入的比重为 16.1%；长途电话网业务收入 982.6 亿元，同比下降 5.3%，占主营业务收入的比重为 11.7%；数据通信网业务收入 994.0 亿元，同比增长 0.3%，占主营业务收入的比重为 11.8%。在电信主营业务收入中，非话音业务收入 3 135.5 亿元，同比增长 8.8%，占主营业务收入的比重从上年年底的 34.5%上升到 37.2%。由这里可以看出，移动通信呈现出高速发展态势，特别是 3G 元年，开局良好，而固定电话业务则缓慢减少，这是完全可以理解的。但是总量仍保持高速发展势头。在世界金融危机的影响下，各国经济发展受到很大制约，唯有中国一枝独秀，特别是信息产业仍然是红红火火，有充足的发展动力。

3.2　无线通信技术的新发展

当前，我国无线通信技术的局面为：

> 无线通信有良机，众多新技都辉煌。
>
> 低功短距用途广，许多领域建奇勋。

在最近 10 多年里，无线通信出现了崭新的局面，随着接入网、LAN、家庭网络、自动化控制、物流监控等领域的发展，无线通信又开始兴旺发达起来，出现了许多新思想、新技术、新应用。特别是物联网的兴起给这些新兴的无线电通信技术带来生机勃勃的发展空间。其中有 WiMAX、WLAN、UWB、RFID、Bluetooth 以及 ZigBee 等，现分别介绍如下。

3.2.1　全球微波接入互操作性技术

全球微波接入互操作性技术（Worldwide interoperability for Microwave Access，WiMAX）是无线宽带综合接入技术，早期主要考虑的是固定无线接入，随着时代变迁和技术进步，现在不断增强其移动性应用。带宽能力不仅可与 xDSL 和 Cable Modem 相比，甚至可与光纤竞争。WiMAX 家族速度高达 134Mbit/s。用于最后一公里、网络回传、专用网等，既可用于城市也可用于乡村。WiMAX 是很有前途的一种宽带综合接入技术。

WiMAX 能从固网向移动扩展，速率为 70Mbit/s，通信距离达 50km。它具有以下显著优点：① 建设期短，成本低，投资风险小；② 具有非视距的（50km）高容量优势，每扇区吞吐量高达 75Mbit/s；③ 系统容易升级扩容；④ 潜在市场巨大；⑤ 移动 WiMAX 可弥补 WLAN 对终端支持的不足。

WiMAX 在我国的应用，其频段还未确定，技术开发处于研究期。

在此需要说明的是 WiMAX 与 Wi-Fi 和 3G 的碰撞与融合问题。Wi-Fi（Wireless Fidelity）是一种无线局域网接入技术，已有十多年的应用，网径数百米，速率达 11Mbit/s，可提供热点覆盖、低速移动和高速传输。目前应用广泛，如手机、笔记本计算机、PDA 等，是针对企业的应用；WiMAX 有固定和移动两种标准。网络半径可达 50km，既可无线接入又可作有线接入（Cable、DSL）的无线扩展，能提供城市覆盖和高速传输，既可企业应用又可电信级应用；3G 是第三代移动通信技术，是一种广域网技术，信号覆盖 5km。移动终端在车速行驶时数据速率为 144kbit/s，步行时为 384kbit/s，室内为 2Mbit/s，是完全电信级应用。从目前来看，三者应是互补的，不可能是替代关系。

3.2.2　无线局域网

无线局域网（WLAN），重点是公众接入，即 P-WLAN。用于笔记本电脑、PDA 和手机上网等。

WLAN 与 VoIP 结合，形成了 VoWLAN，能提供 IP 电话，因而快速崛起。其终端设备有四类（称为手持设备，也有称为手机的）：

① 企业用 VoWLAN 手机；

② 一般家庭用 VoWLAN 手机；

③ Solfphone；

④ 蜂窝 WLAN 手机。

此技术为固网商提供 FMC 的一个好机会。2006 年市场规模达 50 亿美元，具有巨大的潜在市场。

3.2.3　超宽带

超宽带（Ultra-Wide Bandwidth）技术用于短距离（1~100m）通信，速率在几十到几百 Mbit/s，带宽为几 GHz，其功率极低。是无线个域网方案之一。其优点是：抗干扰性强、省电、保密性强等。我国海尔公司开发出全球第一个商用产品，性能为：距离<1m 或 10m，速率在 Gbit/s 量级，功率很低，约-41.3dBm/MHz。

美国联邦通信委员会（FCC）对此有明确的规定，即超带宽是指-10dB 相对带宽大于 20%，或-10dB 绝对带宽大于 500MHz。

3.2.4　射频识别技术 RFID

RFID 技术是一种新型电子标签技术，是非接触性的，无须人工干预即可完成信息输入和处理，操作方便快捷，广泛地应用于生产过程、物流、交通、运输、医疗、防伪、跟踪、设备和资质管理等。

RFID 系统主要由标签（Tag）、阅读器（Reader）和天线（Antenna）组成。电子标签中保存有约定格式的电子数据，它被附着在待识别的物体表面上。阅读器可无接触地读取并识别电子标签中所保存的电子数据，从而达到自动识别物体的目的。它与条码识别的最大区别是：不需要光源、能在恶劣环境中工作、读取距离远近可控、数据存取有密码保护、标签内容可动态改变，以及使用寿命长等。

这是老技术的新应用，"二战"时曾用于敌我识别。目前使用最广泛的是中高频段 RFID 技术，即 860~960MHz，作智能标签，2004 年在美国销售 10 亿个，沃尔玛用得最多，潜在市场很好。据预测，RFID 将在邮政快递中得到广泛应用。

3.2.5　蓝牙技术

蓝牙技术（Bluetooth）是一种不需要基础设施的无线通信网络，是自组网络的一种。

其通信模块可以嵌入各种通信设备中，以便实现网络互联。它具有开放、灵活、安全、低成本、小功耗等特点。通信距离 10～100m，适合于传输语音及数据业务。其主要性能指标是：

① 工作频带为 2.402～2.480GHz；

② 工作方式为时分双工/跳频方式（TDD/FH），时隙为 625μs，每时隙一跳；

③ 发射功率很小，分为三挡：100mW、2.5mW 及 1mW。

目前广泛地应用于消费类电子产品中，以便省去金属连线。

3.2.6 ZigBee

ZigBee 是一种短距离低速通信技术，传输距离 75 至几百米，速率 10～250kbit/s。可利用互联网控制外地 ZigBee 控制网，广泛地应用于自动化控制领域、交互玩具、库存跟踪监视以及家庭智能化等。优点是：低功耗，低成本。可弥补蓝牙技术的缺点（芯片价格高，传输距离受限等）。

工作频段及通信速率分为三种类型：

① 2.4GHz（通用）——16 个信道，速率为 250kbit/s；

② 915MHz（北美）——10 个信道，速率为 40kbit/s；

③ 868MHz（欧洲）——1 个信道，速率为 20kbit/s。

ZigBee 具有如下特点：①功耗小，2 节 5 号电池可工作 6～24 个月；②时延短，从休眠转入工作状态仅 15ms，节点转入网络需 30ms；③低速（20～250kbit/s）短距（10～100m）；④低成本，免协议专利费；⑤安全可靠，可提供数据完整性检查和鉴权能力；⑥大容量，星形、网形拓扑，可容纳 65 000 个节点；此外，免执照频段。

ZigBee 与蓝牙技术的比较：两者有许多相似之处，具有开放性标准，其目的是作为有线的替代品。它们的性能比较如表 3-2 所示。

表 3-2　　　　　　　　　　　ZigBee 与蓝牙技术的性能比较

特　　点	ZigBee	蓝牙技术
传输距离	10～100m	10m
速率	10～250kbit/s	1Mbit/s
功耗	低	较高
网络时延 节点接入网络 休眠节点唤醒 节点接入信道	 30ms 15ms 15ms	 20ms 3s 2ms
单元网络容量	2～245 个	8 个
协议复杂度	简单	复杂
网络扩展性	高/可扩展性	低/不可扩展
网络拓扑结构	Ad Hoc 星形 网状网	Ad Hoc

3.3　卫星通信强势立世

卫星通信的重要性与广泛应用世人皆知：

卫星通信本事大，隔山隔洋能看她；
来注通信畅无阻，随时随地能听话。
卫星通信真奇巧，君在何处全知道；
纵横天地无盲区，无缝沟通真得意。
卫星通信真神秘，拍照星球高清晰；
地面资源有多少，地下资源全知道。
卫星通信本事大，救灾应急全靠她；
北斗导航作指引，信息领域一尖兵。

这里首先简要地介绍一下我国卫星通信的基本情况。

我国的航天器工业随着国民经济的快速发展和科学技术的突飞猛进，从无到有、从小到大、从弱到强，发生了翻天覆地的变化。至今我国已成为航天器制造、应用的大国强国。其发展历程大体经历了三个阶段。1956—1970 年为准备阶段。1960 年 2 月 19 日我国成功发射了第一枚探空火箭，1970 年 4 月 24 日成功发射了中国第一颗人造地球卫星，并在当年决定采取"一步走"或"一步到位"的方案，即直接发射静止轨道通信卫星的方案。这是一个大胆的方案，也是一个跳跃式发展的方案。因为我国在卫星、火箭、发射场、测控网、通信地球站五大系统都有极大困难，不少还是空白。但是中国人挺过来了，从此开创了我国航天事业的新纪元，跨入快速发展时代。1971—1984 年为技术试验阶段。1975 年 11 月 26 日，我国首次发射并回收了返回式遥感卫星，从此中国成为第三个掌握卫星返回技术的国家。1984 年 4 月 8 日发射并成功运行第一颗"东方红—2"地球静止轨道通信卫星，使我国成为世界上第五个独立研制并发射静止轨道卫星的国家。1985 年至今为工程应用阶段。这 20 多年来，中国的航天工业进入了蓬勃发展时代，实现了从设计、制造、试验、运行、测控、应用到服务保障等的完整体系，能满足高可靠性、高性能、长寿命航天器的研制，使我国成为航天工业的大国、强国。2004 年的统计结果足以说明这一结论（截至 2004 年底）。

① 中国建立了卫星通信网 179 个，抗干扰性双向通信地球站 1 万多个，单收站 4 万多个。

② 广播电视上行站 34 个，卫星电视接收站约 60 万个。

③ 甚小型天线地球站（VSAT）业务提供商约 40 家，共有 VSAT 小站 3 万多个。

④ 注册商业卫星通信公司 5 家，拥有 10 颗在轨卫星，开通 1.3 万条国际双向电路。

当前，我国已建成规模宏大的卫星通信网络，拥有强大的卫星通信地面系统，每天通过印度洋、太平洋及亚太地区上空的 11 颗国际和区域通信卫星，构成了覆盖世界 200 多个国家和地区的卫星通信网络。承担了长途骨干网的国际、国内长话，视频与电视转播，数据与专线等，而且全部采用了先进的数字化的传输手段。由于卫星通信网已与陆地光缆网、海下光缆网连成一网，所以已构筑成现代化的高速、立体、多路由的国际、国内通信网络。

卫星通信重点是发展卫星通信广播电视和数字集群应急指挥调度通信两大业务。从而形成了面向广播电视、应急指挥、防灾减灾、农村通信、海上通信、定位物流等多方面的信息通信服务能力。这对于建设和谐社会、保障社会安定和广大人民生命财产方面具有不可替代的重要作用。

我国中星 6B 广播电视卫星，已担起广播电视节目传输的重任，受众面涉及亿万个家庭。随着 2008 年的新一代直播卫星"中星 9 号"的投入运营，将为全国人民提供更加优质、安全可靠的服务。

此外，我国还先后研制成地球资源卫星（与巴西合作）、气象卫星、科技卫星等不同类型的卫星，使我国成为世界上为数很少的卫星通信大国以及卫星制造强国之一。

3.4　移动通信空前火暴

身处移动仙境，尽享现代生活。

3G 火暴世界，我国今登顶峰。

3G 移动通信，全世界有三种主流国际标准：WCDMA、CDMA2000 和 TD-SCDMA。前两种在国外发展较早，商业化程度也较高，据 2005 年移动供应商协会（GSA）公布数据，前四个月，WCDMA 增长 46%，全球 33 个国家，71 个 WCDMA 网络投入商用，有 6 个网正在测试（2004 年为 28 个国家，60 个 WCDMA 网），已成为最广泛的 3G 技术。TD-SCDMA 是我国以大唐等单位为主提出的一种国际标准，目前已进入大规模商业应用。

3G 倡导应用第一，技术第二。我国开发与应用的情况是这样的：几个主要厂商，如华为、中兴、烽火科技、大唐、普天等都有成套技术和设备。包括基站和终端，而且技术都处于世界先进或领先的水平。

中兴公司拥有三种标准的全套设备与技术；华为在 WCDMA、CDMA2000 两种标准方面有较大优势。在 3G 手机和数据卡方面有更多的厂家，产品质量与产能都有很高水平。目前手机已实现了手机电视、视频通话、在线电影、即时新闻、远程监控、Java 游戏、数据下载等功能，中兴还实现了移动视频会议功能。总之，手机已成为"万能宝"。

这里须简要地介绍一下移动通信中几个最重要的技术问题。

3.4.1　软交换技术

软交换技术是 NGN 的核心技术，在移动通信中引用软交换技术，主要是它能提供多层的网络结构，使不同功能发展更加灵活，可实现无缝的多网络访问，前后兼容。使移动网向 IP 网演进做好必要的准备。它的引用可增加容量，提供新型服务，同时可降低成本，提高成本效益。

中国移动用软交换成功替换了其长途电路交换机，中国联通利用软交换新建了一个覆盖 23 个省 400 多个地市的全新业务网。软交换技术已显出其巨大的优越性。

3.4.2　IP 多媒体子系统（IMS）技术

为克服目前移动网独立性所造成的业务多样性和个性化较差、成本较高、不够灵活、难管理等不足，可采用 IMS 技术，它能促使业务网络融合，构建成一个融合各种业务的平台。

IMS 已被 ITU-T 作为 NGN 网络的整体框架，它支持新的多媒体服务，从 IMS（3GPP 的 WCDMA）到 MMD（3GPP2 的 CDMA）都对应。它不仅是业务运用平台，也是运营商未来业务综合支撑和推广的网络单元。

IMS 具有许多的独特优势：① 能提升业务的灵活性和可用性，促使各运营商之间的业务互操作；② 支持 FMC；③ 对多媒体业务融合提供强大的灵活性，从而提高运营商多媒体业务的核心地位；④ 节省资源，增加经济效益；⑤ IMS 业务架构与接入方式无关，支持 WCDMA、CDMA2000、WLAN、DSL 等。此外，它采用 SIP 呼叫控制协议作为唯一会话控制协议，能实现与业务和媒体类型无关。还由于它规定了各种标准接口，定义了在线和离线计费标准等，使其深受欢迎。

3.4.3　高速下行分组接入技术

几乎所有大型制造商，都在积极开发高速下行分组接入技术（High Speed Downlink Packet Access，HSDPA），以使自己的 3G 系统演进成增强型 3G（即 E3G 或 B3G）。它的作用是专门提供高速分组数据业务，大大地提高下行分组业务的吞吐量。使 WCDMA 下行速度从 384ktit/s 提升到其标准速率 14.4Mbit/s，目前国内可达 10.8Mbit/s。

HSDPA 的核心技术有：自适应调制和编码（AMC）、混合自动重传请求（HARQ）、无线资源管理（RRM）、多入多出天线处理（MIMO）等。

与此同时，都在开发上行分组业务技术，即 HSUPA。用于改善上行速率。

在这里我们对技术演进给予简要的概括：一个是沿着 CDMA2000 路线演进，现在 CDMA2000 的 DO 开始大范围商用，下一步就是 DO Rev A 版本，可以提高上行速度，预计近两年左右就会商用，之后会进入多载波技术的 Rev B 版本，这已被许多运营商看好。而具有真正革命性技术的是 Rev C 版本，因为采用了有更高传输能力的 OFDM 技术。下行速率可达 100Mbit/s～1Gbit/s，上行达 50～100Mbit/s。沿 WCDMA 和 TD-SCDMA 到 HSDPA、HSUPA 的路线是大家熟知的。已有许多国家在应用。这之后是引入 HSPA 阶段，这也是革命性的变化，在此技术基础上引入 MIMO 技术，下行速度 100Mbit/s，上行 50Mbit/s。还有一个是 WiMAX，在 802.16e 基础上会很快提出增强技术，802.16m 的性能比 LTE 和 Rev C 更强。总之，GSM 和 TDMA 运营商，基本上是沿着 WCDMA、TD-SCDMA、HSDPA、HSUPA 和长期演进的 LTE（被看成是"准 4G"技术）方向发展。而 CDMA 运营商则有多种选择，这取决于国家政策和运营商现有技术基础。

3.5　下一代网络（NGN）全面进军

请问苍天大地，网络谁家沉浮？

NGN 高声答到，我将一统天下。

NGN 将是所有网络的归宿，也就是说，NGN 将一网网天下，如图 3-1 所示。我国提出

2005 年为 NGN 商用的元年。我国开发研制的 NGN 产品不仅广泛地应用于国内网络中也有可观的出口。

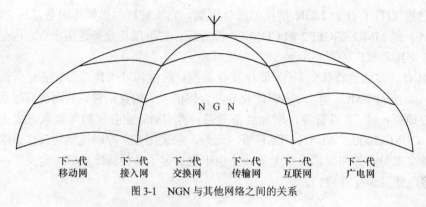

图 3-1　NGN 与其他网络之间的关系

3.5.1　NGN 产生的背景

如果说同步数字系列（SDH）是针对准同步数字系列（PDH）的不足而提出来的，那么 NGN 的提出又是针对什么呢？

传统光网络（SDH）在速率指标方面，已能完全满足需要。但对占主要业务量的数据业务就显得力不从心。例如，带宽分配不灵活，传送效率低，新业务开通周期长，传输带宽浪费等。特别是在接入网业务种类众多的情况下，就显得笨手笨脚，不适应新业务的需求。在此背景下，提出了 NGN 的概念，用一个崭新的网络统领现有的各种网络。然而现有网络大都是孤立的，为了将各种网络融合在一起，必须按照 NGN 的总要求进行改造、升级，这就是图 3-1 的总说明。

有关 NGN 的标准正在完善之中，而商业应用已在许多国家中实现。我国不仅已实现商用，而且产品有较大规模的出口。

ITU-T 于 2003 年提出有关 NGN 的框架性标准草案。2004 年成立 NGN 研究组，在这一年便有 NGN 产品上市，使得 NGN 商业化大大地提前。

3.5.2　NGN 的含义、特点与要求

NGN 的含义是指基于 IP 的全新通信网络，是全业务网络。能提供一个开放的体系架构，便于新业务的开发和部署。

NGN 的基本特征是多业务、宽带化、分组化、开放性、移动性、兼容性、安全性、可靠管理性等。

NGN 要满足如下的各种要求：① 支持一对一、一对多、多对多的通信，支持跨越多个网络的多种连接方式；② 满足公共和私人接入，兼容各种网络接入配置；③ 支持不同网络和网域之间的互通；④ 支持端到端的 QoS；⑤ 支持实时计费和非实时计费；⑥ 有完备的地址管理机制；⑦ 支持对用户和终端设备的认证鉴权管理，以及高度安全性；⑧ 功能体系结构分为业务层面和传输层面。

3.5.3　软交换是 NGN 的关键技术

正如前文所说，软交换是 NGN 的核心技术。它能实现业务/控制与传送/接入的分离。它将硬件软件化，使原先交换机的控制、接续和业务处理等功能，在各实体间通过标准协议进行连接和通信。使 NGN 更快实现复杂协议及方便地提供业务。同时保障较强的 QoS 管理及方便的增加新业务。这种技术能实现业务融合和网络融合。

3.6　光网络建设遍地开花处处结果

光网络是啥样？

> 世上速度我最快，网来网去网中王。
>
> IP 技术全拥有，　如虎添翼强中强。

高速信息网络发展的最终目标或者其归宿是：

全 IP 技术 + 全光智能网络 = IP 全光网

因此，光网络的发展在国家高速信息网络中占有极其重要的地位。我国的研究与开发取得了以下重大成果。

1. 宽带信息网核心技术取得了跨越式的群体突破

宽带信息网核心技术取得了四大成果：OXC、OADM、核心路由（CR）器以及网络管理。众所周知，早期的光纤通信只是实现点到点或端到端的信息传送，没有构成真正的网络。自从我国研发成功这些核心技术之后，才使我国光纤通信系统构成遍布全国的光纤通信网络，在技术水准方面提高了一个档次，发生了一次质的大飞跃。从此，也使我国在该领域处于世界先进水平。

2. 自动交换光网络节点技术取得重大成就

我国开发的自动交换光网络（ASON）节点设备，速率达 40Gbit/s，交换总容量达到 T 比特量级，具有世界先进水平。这不仅为 SDH 光网络总体提升奠定了良好基础。而且使我国的光纤通信网络又提高一个档次，为我国光纤通信网络从静态管理发展到动态管理打下了坚实基础。该产品已在国内干线网络上开始规模应用，与此同时也开始出口。

3. 光传输技术在商用领域居世界领先水平

烽火科技开发的密集波分复用（DWDM）系统具有世界领先的技术水平。已在上海至杭州之间建成了世界第一条总容量为 3.2Tbit/s 的传输系统。其主要技术指标是：

① DWDM：80×40Gbit/s（相当于 4 128 万话路）；

② 单通道实际速率达：43Gbit/s；

③ 全长：800km；

④ 码型：NRZ 码；

⑤ 实现 24 小时无误码。

最近，这一技术将应用于中国电信、中国网通、中国移动即将建设的骨干传输系统中，覆盖全国 20 多个城市的 10 多条国家一级干线上。

4. 新一代城域 MSTP 技术取得重大进展

MSTP 是下一代 SDH 技术，其集成度很高，并使用成熟的光器件，能提供强大的接入容量和业务调度容量，采用多个 ADM 使业务调度灵活并有良好的多业务传送能力，以及智能化管理等优势。MSTP 支持 GFP 封装协议、VC 虚级联和链路容量自动调整机制（LCAS）、弹性分组环（RPR），及 MPLS 等技术。能提供对以太网的透传、汇聚和二层交换处理功能。

5. 光纤接入网取得重大进展

APON、BPON、EPON、GPON 都有大量的研究成果。其中 EPON 在国内已有大量应用，产品出口量逐年增加，GPON 产品也开始规模应用。下一代光纤接入技术也取得巨大进展，10G EPON 产品近期已投入试商业应用。FTTH 已在相当多的城市开始试点。在技术上已完全过关，若成本进一步降低，将会实现大规模的商业应用。

此外，新型光纤（G.656）也亦问世，在 S+C+L 波段内有很小的色散，在很宽的范围内（1 460～1 625nm）适用于 10Gbit/s、40Gbit/s 的 DWDM 应用。这对进一步发展我国光网络将起到重大作用。

限于篇幅，光网络其他方面所取得的成就就不再赘述了。

3.7　高速信息网发展之歌

网络发展何处去？专家有良言，让我们高唱网络发展之歌去奋斗吧！

1. 接入网

> 宽带无缝多元化，设备兼容要全能。
> 价格便宜质量优，服务周到市场大。

2. 传送网络

> 传送网是骨干，技术突破是 ASON。
> 信息流大动脉，安全可靠最重要。
> 智能化不可少，动态配置高指标。
> 网泾大性能好，IP 光化是目标。

3. 交换网络

> 通信网网格化，传输交换少不了。
> 说交换换理念，现代交换不简单。
> 有存储有计算，智能交换功能全。

软交换优点多，电路交换无法活。

子系统最优良，业务转型是利剑。

（子系统是指 IMS-IP 多媒体子系统）

4. 移动网络

移动通信三大标准，长期共存齐头并进；

各有所长也有所短，取长补短不断完善。

基础建设根深叶茂，综合业务开拓市场；

服务质量生存之本，经营理念名牌是道。

TD 标准民族之魂，健壮成长挺进世界；

移动通信核心之首，个人通信称雄全球。

（TD 标准——TD-SCDMA）

5. 互联网

IP 网电信网，网来网去一张网；

两张网齐发展，和和谐谐入洞房。

IPv4 使人气，美国成了大霸王；

中国人要争气，IPv6 发展要逞强。

3.8　结　　论

综上所述，我们可以得到如下结论。

（1）IP 技术、光网络技术是国家高速信息网的核心技术。两者的高度结合与融合，是导致 IP 全光网络实现的唯一途径。这是信息网发展的总趋势，也是大方向。

（2）当前的电信网络、互联网络以及广电网络，必须按照自身的实际情况及规律向前发展，不过这种发展的方向应该是一致的，即都得向 NGN 看齐。也就是说各种网络都要按照 NGN 的总体设想和总体要求规划和建设自己的网络，并在若干年后都要统一在 NGN 的旗下。

（3）发展各种各样的综合接入技术，是当前时期的重要任务。

（4）我国的信息通信网络技术，已从通信技术大国走进世界强国行列。其重要标志如下。① 通信技术属世界先进水平，许多领域处于领先水平，包括光纤通信、移动通信、卫星通信等。② 网络技术在技术层面上属世界先进水平，如互联网技术、光网络技术、移动通信网技术、卫星通信网技术，我国是具有世界先进水平的，在规模上有的为世界首位。③ 人才倍增，研发团队空前强大，不仅数量庞大，而且绝大多数都是高素质的博士（后）、硕士，以及出国留学人员，特别是近十余年来集聚了众多的领军人物，他们年轻力壮，能够统领全局，并且有一颗为国为民无私奉献的火一般的心。④ 在世界上的话语权得到确认，一些重要国际标准采用了中国的意见。其中最有代表性的事件有：2000 年由中国提出的 TD-SCDMA 被国际电信联盟确立为 3G 标准，次年又被 3GPP 采纳，这是中国移动通信史上划时代的事件；由中国主导的国际光传送网（OTN）核心标准于 2009 年由 ITU-T 正式发布（国际标准号为

G.709/Y.1331Amd.3），这是一个非常重要的标准，是核心网络中的核心；2009 年我国向 ITU-T 提交了有自主知识产权的 TD-LTE-Advanced 技术方案。最终被国际电信联盟确定 LTE-Advanced 和 802.16m 为 4G 国际标准候选技术，随着该技术的日益成熟，极有可能入围 4G 正式标准，这样以来中国便在 4G 领域迈出了坚实的一步，从而使我国经历了 1G、2G 跟着跑，3G 同步走，而在 4G 一跃有望成为领跑者。这大大地改变了在国际标准会上只会 Smile（微笑）、Silence（沉默）、Sleep（打瞌睡）的被动局面，终于听到了中国的声音。⑤ 大批技术与产品出口。目前"中国制造"的产品遍布世界各地，处处有中国人的脚印。因此，中国将步入电信技术的强国之列，而且这个"强"将会越来越强。

总之，在回顾我国电信技术发展的历史时，我们充满了自豪和自信，在展望未来时，我们的信心更是百倍。世界是美好的，我们的国家将会更加美好。让我们举国上下团结一致，为中华民族的伟大复兴去奋斗！去拼搏！

3.9 结 尾 诗

总结本章主要思想，如诗所云：

IT 领域无限好，祖国处处是新貌。
日新月异新技术，创新成了主流王。
制造厂商争上游，各施奇才显神通。
不敢想的成现实，世人也觉真稀奇。
无线通信新秀多，"三低一短"用途广。
生产生活有了她，工作生活自在多。
卫星通信起步晚，强势立世不示弱。
各种卫星我都有，应用领域多得多。
移动通信呈火暴，3G 元年已来到。
三种制式齐发展，用户突破数亿万。
下代网络成定局，网络发展要提前。
各种网络要靠近，统一目标好处多。
光纤网络是核心，带宽怎用用不完。
大小网络都有她，遍地开花结硕果。
网络发展要规范，高速宽带要省钱。
IP 光化是要害，智能动态要完善。
通信大国是起步！信息强国是目标。
高唱信息大合唱，一同奔向强中强。

第4章　信息通信网络的演进与融合

开篇诗　融合颂

> 信息技术何处去？统一目标最重要。
> 下代网络要称王，天下一网定乾坤。
> 电信网络要改造，融合 IP 是头条。
> 因特网络大发展，借鉴电信是关键。
> 广电网络要扩展，扩大视野道路宽。
> 各路技术大融合，你有我有全都有。
> 优势特长汇一起，构筑铁网撑栋梁。
> NGN 是主渠道，支流汇聚成大河。

在当今世界，"融合"成了一种自发的发展趋势，社会科学与自然科学、社会科学与科学技术等不断相互渗透与交融。而在信息通信技术领域中，融合更是明显更是强劲，已成为推动技术发展的巨大动力。本章就这个问题综合论述如下。

4.1　概　　述

随着时代的变迁，技术的进步以及社会的需求，信息网络正在发生深刻而急剧的变化与演进，融合成为一股不可抗拒的潮流。

信息网络的深刻变化主要表现在以下诸多方面：各种网络之间快速地相互融合，而且是在各个层面上进行融合，并最终实现互连互通。在网络的整个融合过程中，网络向全 IP 化及全光化发展，网络拓扑结构从环形网向网状网发展，这既是网络的三大发展方向，也是网络融合演进的指南针。在这样的技术路线图上，最终走向统一，即实现 NGN，并在此基础上逐渐实现共享的"泛在网"。图 4-1 是网络演进的路线图。

```
电信网络→全 IP 化、全光化、网格化、全业务化      ⎫
互联网络→电信级 QoS、全光化、网格化、全业务化   ⎬
广电网络→数字化、全 IP 化、全光化、网格化、全业务化 ⎭
```

$\Longrightarrow$ NGN $\Longrightarrow$ 泛在网（U 网络，包括物联网）

图 4-1　网络演进路线图

4.2　信息网络发展的主题是融合

4.2.1　技术融合导致业务交融

数字化、连通性、技术进步构成融合的三大动力。数字化是各种信息网络融合的前提，连通性是融合的必由之路，技术进步是融合的必要保证。信息技术与电信技术融合产生了信息通信技术（Information Communication Technology，ICT），这是最有代表性的一种融合。在21世纪初，数字技术促使信息技术、传媒和电信三个不同行业越走越近，使其相互融合。而融合又促使业务交融，并创造许多新生事物——新产品、新的服务、新的联盟、新的价值链架构，或新的经济模式等，这一切都将为企业和客户创造更大的价值。融合是大方向、大出路，是不可逆转的。以至于造成这样的局面：电信与信息技术的融合为创新注入了新的动力，融合的体验呼唤ICT，市场竞争需要ICT，技术的发展推动ICT。ICT已成为信息领域最具活力最具有前途的新型技术之一。

4.2.2　融合在不同层次上发生

ICT行业的融合可在3个层次上发生：平台、组织结构、产品和服务。每个层次都有不同的特点，都有不同的驱动力，每个层次对于融合的整体理解都至关重要。

① 平台融合是所有融合的基础。它使各种内容信息通过不同的网络在不同的设备上传递、使用和消费。有可能通过全IP化实现最终的繁荣。

② 组织机构的融合。所有融合的服务，不论是视频点播、音乐下载、网上广播，还是手机铃声都需要一个以上的组织机构进行协同工作与人力物力的投入。各机构各集团之间需要直接或间接进行联合，协同一致，才能为开发和提供融合服务。电子游戏市场就是这样，它需要电子游戏产品的创作、制造、传播与显示等。

③ 产品和服务融合。ICT融合的最终目的是针对以前没有得到满足或尚不满意的用户需求来提供产品和服务。这意味着融合就要创造为用户认可的，甚至非常满意的有价值的新产品与新的服务方式，以使现有服务更加完美。

平台融合专注于联合制定标准化，而产品和服务融合则完全专注于创新和多样化，从而满足形形色色不断变化的市场需求。例如，将数字电话号码存储到移动电话中，使手机使用更加方便、快捷等。

4.2.3　融合过程中IP技术占据中心地位

IP技术具有巨大的优越性：成本低，适合多种业务，组网灵活，易扩展等。而且，全IP网还具有这样的特点：①网络结构基于分组技术，能同时实现实时和非实时业务；②能增强IP接口和相关网络接口的功能，支持实时的多媒体业务；③IP用于所有数据和信令的传输层。随着IP业务和宽带技术的发展，三网融合与统一是大势所趋，而IP技术就是融合与统一的强大引擎。正因为如此，全 IP 化成了信息通信领域的共同方向。短短几年的光景，数据业就变成干线宽带的主要消耗者。消耗干线带宽 95% 以上，而且还在发展。长期从事模拟电视传输的有线电视网，不仅正在迅速数字化，而且也在 IP 化，以便开拓新的增值业务。所以说，IP 技术在整个融合过程中占据中心地位。

4.3　电信网与互联网的融合是关键

电信网与互联网由于其规模大、覆盖范围广、涉及的人员多，以及其在信息传递与交换当中占有绝对的核心地位而成为融合关键的关键。而推动融合的基本动力主要是社会需求。人们迫切希望信息服务多样化及便捷化。在这种背景下，数字化技术与网络之间的连通性技术是必须要解决的，而数字化是前提。也只有这样，各种业务的信息流才能够在各种网络中畅通无阻，并能在终端显示。ICT 技术能为行业提供一个统一标准建立起的平台，使得各种业务内容的信息在各种网络之间自由流动。这一切都将为企业和客户创造更大价值。同时能够以最大限度满足社会需求。

电信网与互联网的关系是共生、共存、共赢，在发展中相互支撑，相互促进，而又相互制约。虽然它们之间有许多相似的地方，但是两者有本质的区别，这导致其在运营、商业模式、服务质量、安全、维护与监管等方面的差别。近期内两者各自按照其特点独立地进行发展。电信网在运营商业务和网络发展的驱动下向 NGN 方向挺进，而互联网在软件与信息技术驱动下向 NGI 方向进发。随着时代的变迁、技术的进步与业务的交融，最终会融合在一起。

就当前来说，IP 技术已成为电信网络公共承载网络。IP/MPLS 构成大容量多业务承载网络，两者结合产生许多新业务能力，基于初始会话协议（Session Initiation Protocol，SIP）的 IMS 网络和业务是互联网技术和电信技术结合的典型范例。SIP 是互联网技术之一，而 IMS 的架构是统一集中控制的电信思路。电信的 114 号码百事通搜索业务、内容分发技术和 P2P 技术结合是电信网与互联网两者结合的范例。将 P2P 技术和基于现有的 VOD、IPTV 和 CDN 等数字媒体平台技术相结合，建设可管理、可运营的统一数字媒体业务网络将是发展方向。

总之，两者的结合改变了原通信业务的游戏规则：首先，形成了一个完全开放、竞争激烈的市场；其次，互联网技术创新改变了通信市场竞争的格局，以 P2P、Web/XML、Java 等技术为代表的互联网技术创新，使运营商能够以低成本大规模地扩展部署通信服务；再次，P2P 的迅速发展引发了流量对网络的巨大冲击，其白天占 60% 带宽，晚上占 90%，这也冲击着运营商的业务和市场；最后，互联网引发了商业模式的改变，使传统的电信网几乎都采用前向收费方式。

随着社会信息化的迅猛发展，人们呼唤功能齐全、价廉、方便、快捷的信息服务业早日到来。在这样的背景下，电信网也好，互联网也好，都在按照统一的要求发展自己的网络。

电信网将以 IP 技术为基础，创建一个全新的全业务网络，提供一个开放的体系架构，方便开发新业务和应用部署，这就是要建立功能完善强健的全新网络，即 NGN。而互联网也要按照相同的思路并借鉴电信网络的 QoS、运营、管理与维护等优点创建自己的 NGN，即 NGI。

NGI 与 NGN 相辅相成共促信息化。互联网呈现出五大特征：①无处不在，因移动通信而可带在身上到处跑；②无所不包，人与物均可上网；③人人参与，技术的进步使 P2P、博客的应用得以普及，参与的人极具普遍性；④参与者要强调自律，共同维护有关网络的法律、法规；⑤互联网应是优质低价。这些特征都将会融合于未来的 ICT 网络中。

现将 NGI、NGN 的基本功能与性能汇总如表 4-1 所示，以便比较。

表 4-1　　　　　　　　　　　　　NGI、NGN 与当前电信网性能的比较

当前电信网	NGN	NGI
多数为电路交换网	基于分组核心网	很可能为 IPv6 分组网
特定网提供特定业务电话	提供多种业务	天然特性
窄带网	支持多种宽带能力	肯定支持宽带能力
完全保证 QoS	按需 QoS 进行传送	没有电信网严
业务网承载网合一	功能与底层传送技术分离	天然特性
提供单一业务	利用基本的业务组成模块 提供广泛业务（流媒、多媒）	天然特性
有 QoS 保证和透明传输	QoS 保证和透明传输 开放接口与传统网互通	透明传输，QoS 无保证完全开放互通没问题
不具有通用移动性	具有通用移动性	与 NGN 相同
困难	用户自由接入不同业务提供商	天然特性
E164	支持多种标志体系并为其选路	广泛的支持能力
同一业务有统一业务特性	同一业务有统一业务特性	没有必要
固定网络	融合固定与移动业务	可与移动网互通并能用移动技术接入
传送网为电话网设计	业务功能独立于底层传送技术	天然特性
适应所有管制要求，如应急通信、安全、保密等	同左	有待管制要求提出，安全性比较一般

4.4　电信网转型是网络融合的难点

电信网络由于历史悠久，网络规模宏大，设施与设备复杂，在转型过程中会遇到许多难题。第一，电信运营商在考虑采用新技术时，如何最大限度地利用现有设施与设备，这是更新设备与技术时首要考虑的问题之一。第二，投资尽可能是分期的，经济效益与资金回收期应尽可能的短期见效，一般在三至四年内。第三，新技术对业务功能贡献的多少以及市场寿命有多长。第四，新技术对经济和业务的拉动作用有多大等，这些都是必须考虑的。电信运营商为了使自己尽快转变为综合信息服务商，并在信息服务领域占据有利地位就必须转型，

而且转型越快越好。为此需要多方面考虑，并尽可能创造良好的内外部环境。电信转型中信息技术支撑系统是首要考虑的，也就是说，电信运营商首先要自身信息化，而且还要高标准信息化。

从单纯提供话音通信服务到提供综合信息服务的转型，需要强有力的信息技术支撑系统。这个支撑系统是一个庞大的非常复杂的系统工程，绝不是一些软硬件的简单组合所能实现的。它需要有配套的规章与制度、专业技术人员、市场营销人员以及较成熟的电信网络技术一起随市场发展而逐渐发展并完善起来。它的目的是支撑和改善运营。就电信运营商整个业务流程来说，包括业务开通、业务计量、新业务开发等；在管理层面上，覆盖了客户管理、业务管理、资源管理、网络管理、供应商和合作伙伴的管理等各个方面。电信运营支撑系统需依赖信息技术手段，它涉及三个子系统。

① 业务支撑系统（Billing Supporting System，BSS）。该系统投资大，但又必须解决。为提高运行效率需主动式管理，以便主动发现和解决系统可能出现的问题，消除潜在的风险，延长系统的使用寿命，提高业务和系统的运作效率，增强客户满意度，达到精益运营目的。

② 网络运营支撑系统（Operation Supporting System，OSS）是面向资源（网络、设备、计算系统）的后台支撑系统，包括专业网络管理系统、综合网络管理系统、资源管理系统、业务开通系统、服务保障系统等。为网络可靠、安全和稳定运行提供支撑手段。国内运营商在这个领域取得了长足的进步，有的达到国际先进水平。当前，发展热点体现在 NGN、3G 网管的构建上。目前首要的是将 BSS 和 OSS 先融合成一体化，作为一个整体加以考虑，这样做有利于协调发展稳步推进。这种体系称之为综合业务和运营支撑系统，俗称 BOSS，也称为业务运营支撑系统或称综合支撑系统，简称支撑系统。

③ 管理支撑系统（Management Supporting System，MSS）是电信运营商为了适应不断变化的市场和自身发展而创建的一种先进的管理平台，这个平台的实质是电子化运营管理，同时也是企业信息化的基础平台，是 BSS、OSS 等系统的展现窗口。电子化运营管理是一种最先进的工作模式，也是一种运营管理的工作语言，它最能体现现代管理的理念与水准。

目前，中国三大电信运营商都在积极而又稳妥地构建自身的综合支撑系统。中国电信在"九七工程"的基础上建设 BOSS 系统，其思路明确，目标先进。在技术体系方面，统一信息技术支撑网、EAI 平台整合、统一企业数据架构，以及建设数据中心；在管理体系方面，专业规范信息化部门、明确部门间关系与职责、建立健全预算管理机制、制定规范的管理流程，以及建立自己的信息技术支撑体系。中国移动在 2001 年就制定了《中国移动 BOSS 系统技术规范》，用于指导建设 BOSS 系统。它将各种业务与功能集中统一规划、整合，实现资源与信息共享。其建设目标是实现"三个特征、两个能力、一个综合"，即能提供"个性化、社会化、信息化"服务为重要特征；具有"满足未来业务发展需要"、"满足实时处理"的能力；提供一个综合性的业务处理平台。中国联通一开始就从高起点、理想化的 OSS 入手，设计模型比较复杂，为今后的业务扩展预留多个接口。其业务支撑系统的体系结构可分为三个部分：首先是操作型 CRM 和协作型 CRM，营销处理与渠道管理，以及客户服务等；其次是正在规划建设的业务支撑的数据中心；最后是电信业务的支撑，即所谓的 BOSS，属于业务部分。联通公司在建设支撑系统时，做到"统一需求、统一规范、统一版本、统一实施"。综上所述，说明国内电信运营业正走向以 BSS/OSS 为中心的"软性建设"的新时代。

在建设电信运营支撑系统时，可以借鉴国内外相关经验，又好又快地推进支撑系统的建设。这些经验概括起来有如下方面。

① 信息技术是支撑运营、改善运营必须采用的一种手段。信息技术融合是业务融合和全业务经营的利器和标志。

② 树立运营管理需求驱动 BOSS 系统建设，BOSS 系统建设服务于运营管理的发展理念。

③ BOSS 系统建设一定要有总体规划及具体实施方案。BOSS 系统的支撑中心，要以内部管理和市场需求为出发点。

④ 随着新技术新业务新网络的发展，一定要处理好新老支撑系统的关系，充分整合并利用好现有资源。支撑系统要尽可能地考虑多适配方式适应全业务时代的复杂业务模式，构建统一的客户运营体系。

⑤ BOSS 系统建设要标准化，特别是核心技术与重要部件一定要标准化。这有利于互连互通、节省投资以及提高运作效率等。

⑥ 加强社会协作与合作，尽可能多地调动社会资源为自身服务。

⑦ 加强人才培养与管理，构建高素质的人才团队。

4.5 网络向全 IP 化方向发展

随着电信网从传统的 TDM 网向分组化网络的演进，全 IP 化和 FMC 成为未来网络发展最重要的方向。传送网作为业务承载、汇聚与保护的载体，如何适应未来的发展呢？

4.5.1 传送网面临的挑战

目前长途核心网中，IP/MPLS 核心路由器被广泛地应用，以提供高质量的 IP 互联网和 IP VPN（虚拟专网）专线业务。LH DWDM 负责为 IP/MPLS 核心层提供大容量的传送带宽。同时，在运营商网络中 TDM 业务将长期存在，发端呼叫筛选（Originating Call Screening，OCS）被用于完成电路业务的核心调度和大颗粒专线的传送。

城域网中，城域以太网（Metro Ethernet）和下一代 SDH（NGSDH）网是主流方式。为解决光纤趋紧和 GE 调度问题而广泛采用 WDM 网络。在这种背景下，TDM 和 IP 长期并存。这会带来许多问题，所以运营商都在期待建立一个统一的面向全 IP 化架构的传送网。

4.5.2 业务网络演进对传送的要求

传送网对所有运营商是不可缺少的，运营商希望其具有快速灵活的调度和对业务有良好适应性，同时还希望其具有快速业务部署和低运营成本。所以运营商在建设传送网络时最关注两个问题：①传送网对当前和未来应有良好的适应性；②应具有最高的性价比。

从业务网络的视角看，未来业务网络应包括宽带、移动和专线以及其衍生的增值业务和

ICT 服务。①宽带接入，目前主要有 ADSL、ADSL2+、VDSL、LAN 以及 Cable。在 Server 域更是以 IP 承载为核心。所以对于移动的核心传送网，以 OTN/WDM 和 IP/MPLS 路由器为核心的解决方案将会成为移动核心承载的主流方式。②对于移动的接入网，将是多种接口长期共存的。不过接口的 IP 化是大趋势。目前以 T-MPLS 和 PBT 技术为核心的分组传送网（Package Transport Network，PTN）是热点，随着分组传送网技术的成熟，目前的多业务传送平台（MSTP）要平滑地向 PTN 演进，这也是最稳妥的一种选择。③专线网络。当前应用场景比较复杂，呈现多种专线共存的局面。以欧洲专线收入为例：基于 SDH/SONET 专线占 42%；ATM/FR 为 25%；L3 VPN 为 15%；L2 VPN 为 13%；WDM 占 5%。对专线的要求亦是有天壤之别，银行与金融系统要求其可靠性达 99.999%，同时还需提供多种灾备方案；而小企业小单位则要求其成本低，可靠性一般。所以对专线网要有网状网（Mesh）保护和端到端连接的通用多协议标签交换（GMPLS）技术，能够进行多业务封装技术。这些是专线网的关键技术。

4.5.3　面向全 IP 化的传送网

下一代承载网包括四个部分：泛在接入网、城域分组传送网、多业务网关和核心分组传送网。为了对比将现行承载网示于图 4-2，全 IP 化承载网络如图 4-3 所示。现分别阐述如下。

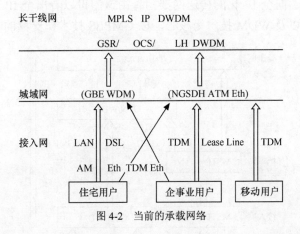

图 4-2　当前的承载网络

① 泛在接入网应满足两点要求：移动性和高质量通信，前者靠无线通信，后者靠光纤提供宽带宽来保证高清和高保真。

② 城域分组传送网，满足高性价比和面向未来分组业务承载能力。为此设备形态应有两种：一种是管制政策、Cable 运营商的竞争以及 Triple Play 的兴起，包括光纤、铜缆、无线在内的泛在接入网将会形成。随着对带宽需求进一步的提高，下一代宽带接入将会是 FTTx+VDSL2、FTTx+ADSL2+和 FTTH，实现"光进铜退"。每户带宽需求将从目前的 1～2Mbit/s 提高到 30～50Mbit/s，甚至 100Mbit/s。CO 节点的交换能力要达到 100～400Gbit/s，上行接口要达到 10GE。这时以 OTN/xWDM 为核心的具有业务调度能力和保护能力的 WDM 网络将会得到进一步发展，并向下扩展到接入层。对于移动 2G 和 3G 的核心网，电路域（CS）

和分组域（PS）承载的 IP 化趋势已很明确，而下一代 IMS 域和具备调度能力的 WDM/OTN设备，能满足低成本和大颗粒业务的传送。另一种是以分组交换为核心的分组传送设备。它能提供分组交换平面、面向连接的特质，以及类似 SDH 的管理与保护。

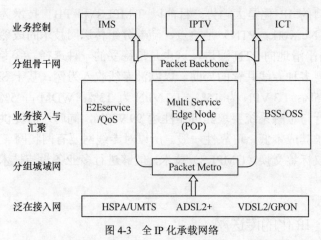

图 4-3　全 IP 化承载网络

③ 多业务网关，它能完成业务分发和管理，包括对用户的鉴证、认证以及安全保证。

④ 核心分组传送网，应由具备 OTN/ROADM 功能的 WDM 设备和具有 Tbit/s 量级调度能力的路由器组成，以便完成对骨干节点的业务调度和疏导。

如图 4-4 所示是面向全 IP 化的传送网架构。由该图可以看出全 IP 化的传送网将是以光传送网、分组传送网以及 WDM 技术为核心，以 GMPLS 技术作支撑的一种网络。

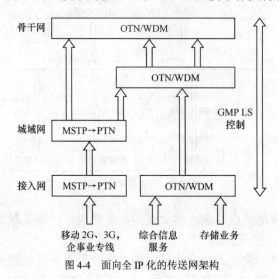

图 4-4　面向全 IP 化的传送网架构

4.5.4　对下一代传送网的展望

全 IP 化网络是泛指，它应包括有线、无线以及移动等各种通信技术，同时也应涵盖各个层次。受欢迎的传送网应具有对未来业务的良好适应性，以及良好的性价比。

以 OTN 技术为核心的下一代 WDM 是承载网面向全 IP 化演进的关键技术。OTN/WDM

具备波长和子波长级别的可调度、可保护，有 Mesh 组网能力的波分网络，可有效支撑核心网对带宽、组网、效率和可靠性的要求。未来 OTN/WDM 网络会向城域接入网延伸。所以，下一代承载网会出现继 SDH IP 之后的第三张从接入到骨干的端到端可管理、可配置的 OTN/WDM 网络。

从 MSTP 衍生的 PTN 设备是 NGN 的核心部件。TDM 和 IP 接口传送需长期共存，尤其是移动和专线更是如此。所以采用 MSTP 到 PTN 的演进是一种低成本和稳妥的方式。

在未来的承载网中，IP/MPLS 主要用于核心层业务承载，PTN 用于细颗粒的多业务接入和汇聚，OTN/WDM/OTN 成为端到端宽带传送网。

电信网向宽带化、IP 化发展已成为业务网演进的主流方向。骨干网、城域网，IP over WDM 两层建网模式将取代 IP over SDH over WDM 三层模式。在光层上直接承载 IP 的扁平化架构已成大势所趋。IP over WDM 技术体系不仅简化了复杂的层层映射过程，降低了成本，提高了可靠性。更为重要的是，IP over WDM 技术体系与 ASON 一起能够将目前的静态光网络提升为动态光网络，是构筑动态光网络的支柱，这将大大地提高光网络的质量和运行效能。承载网所承载的业务颗粒越来越大，如 10GE，这要求 WDM 设备具有大颗粒的调度功能。为了满足 10GE 带宽数量的剧增，出租业务带宽颗粒度不断增加，甚至出现波长出租、大颗粒存储等，建网者迫切要求在 WDM 层面上实现对业务的灵活调度和网络自由扩张。在这种大环境下，全 IP 化自然是网络发展的必由之路。

互联网技术发展到今天，移动互联网将是 NGI 的主体，并且必须是宽带网络。这个网络要同时满足所有的电信业务和移动互联网业务的承载需求。业务的全 IP 化和传送的分组化将是网络发展的主线。在干线网方面，IP over WDM/OTN 的组网方式将长期成为主流；在城域网方面，SDH/MSTP、以太网、IP/MPLS 的多种技术将呈现长期竞争局面，PTN 技术将开启 IP 业务传送的未来；在接入网方面，移动接入网将向超高带宽长期演进（LTE），固定接入网、xPON 将是长期的主流技术。

以上内容不仅充分说明了全 IP 化的必要性，而且也阐述了其在各种网络中应用的技术原则。

4.6　网络向全光化发展

由于光纤的带宽极大，可以说取之不尽用之不竭，而光速又是最快的，随着人们对带宽要求越来越大，对传输速率要求越来越快，网络的全光化势在必行。然而，全光化不是目的而是手段。真正有意义的是通过遍布全国城乡的四通八达的光纤网络，实现综合业务的快速大容量、高质量的传输。为此以下技术是至关重要的。

① 高速大容量长距离的传输技术

其中涉及单信道（单一波长）的高速传输技术，前向纠错技术（FEC），WDM，光放大技术，以及色散补偿技术等。

② 高速大容量的交换技术

这包括 OXC、OADM、ROADM 以及 ASON，当然也包括在 NGN 中起重要作用的软交换技术。其中 ASON 在核心网中占据核心地位，它具有动态智能的自动交换功能。其优点很多：简化了网络结构和节点结构。集光网技术、高效 IP 技术以及网络控制软件技术于一身，能实现资源的动态分配和优化，使网络高效、灵活和更富有弹性；降低了网建成本及运行成本；智能化、自动化大大地提高了网络的可靠性和生存性；便于网络拓展和业务拓宽。总之，ASON 技术使得静态光网络提升为动态光网络，使得光网络发生质的飞跃。

③ 由有线、无线、移动等通信手段组成的协调的宽带综合接入网技术，以实现无论何时何地的无缝接入。

④ 功能齐全、灵活方便、物美价廉的终端设备。

4.7　网络拓扑从环形网向网状网演进

早期的网络拓扑大多是星形或树形。后来由于光纤通信速率不断提高，为了提高网络的可靠性和生存性，多数网络采用环形结构。但是，随着数据业务迅猛的发展，网络向全 IP 化与全光化发展已是势不可当。要适应通信技术发展的需要，环形网已显得力不从心。

光网络从环形网向网状网演进，这是网络发展的又一大特征。环形网适合话音业务，有自愈功能。缺点是不能满足数据业务爆炸式增长所需带宽，以及不能快速动态带宽配置，不能有灵活的 QoS 机理。而网状网拓扑能克服这些缺点，其优点是：①能提供多种保护和恢复方式，网络生存性高；②所需备用容量小，资源利用率高；③扩展性好，便于升级和维护；④易于实现端到端的电路调度和保护；⑤快速提供各种业务；⑥可分区分步骤向光网络演进，充分发挥智能光网络的优势。

通过以上内容，我们相当详细地阐述了信息网络的演进与融合。融合是大方向大出路，是网络发展的主流。同时指出全 IP 化与全光化是网络演进与发展的两大趋势，是不可逆转的。无论是研究者、生产厂家还是运营商都必须按照这一客观规律安排自己的事业。这是不以人们的意志为转移的。

这里需强调的是，ICT 是现阶段信息技术（主要是 IP 技术，因特网）、电信技术以及有线电视网融合的结果，是三网融合的初期阶段。网络进一步的发展与融合还要向 TIME 转变，即在不久的将来，电信产业、互联网产业、传媒产业、娱乐产业，将逐步融合在一起成为"TIME"（Telecom Internet Media and Entertainment）型复杂生态系统。到那时，产业链下游将是复杂化的，各种链条集合交叉，将形成更为复杂的生态环境。网络继续向前发展与演进，不仅包括以上这些，还要与其他各种网络进行连网，如传感器网络、监测监控网络、生产管理网络等，从而形成一个无所不包的天网，称之为"泛网"，或"泛在网"，这也许是网络发展的归宿。

4.8　结　尾　诗

本章的主体思想，如诗所云：

　　　　信息社会支柱多，要害技术是网络。

　　　　不管网络姓什么，IP 光化最重要。

互补互融久长在，发展目标是一个。
环形网络有缺点，网状网络更优良。
电信网络要转型，适应数据要万能。
互联网络要提升，电信标准不能轻。
广电网络要扩展，数字双向要先行。
实现社会信息化，网络统一靠大家。

第 5 章　无线通信技术的新发展

开篇诗　无线通信好年代

无线通信好年代，创新花儿遍地开。

"三低一短"成效高，工作生活顺手来。

日新月异发展猛，独辟蹊径信息中。

虽然技术"不起眼"，功能确实大如天。

注："三低一短"，是指许多新的无线电通信技术大都具有低速率、低功耗、低成本，短距离的特征。

当前，无线通信技术的发展有两条主线：一是以 ITU-T 和 3GPP/3GPP2 引领的移动通信系统，从 2G、3G、B3G 直至 4G；二是以 IEEE 引领的无线接入系统，从 WPAN 向 WLAN、WMAN、WWAN 的发展。本章主要讨论无线通信的新发展、新技术、新应用，移动通信将在下一章专题讨论。

5.1　概　　述

无线通信技术的发展在近 30 多年里，呈现大落大起。20 世纪七八十年代，光纤通信快速兴起与发展，无线通信发展相对缓慢，但最近 10 多年出现了明显转机，出现了许多新思想、新技术、新产品以及新应用。WLAN、UWB、RFID、Bluetooth、ZigBee、WiMAX 等，犹如雨后春笋一样蓬勃发展起来。这些技术是无线通信的新热点新亮点。它们不仅促成了 ICT 的许多产业链，创造了巨大的财富，而且也深刻地影响着人们的生活、工作、管理以及生产过程。业内专家有这样的共识：随着各种通信技术的融合和向 NGI 的演进，构建一个以无线和宽带为重点、以"全业务+IP 化"为方向的大网，即构建一个在任何时间、任何地点、任何人、任何物之间都能实现通信的网络，就能实现"泛网时代"的到来。泛网也称为缪斯（Muse，是希腊集多种智慧于一身的女神）网。从而实现从"e 时代"（electronic）到"u 时代"（ubiquitous，原意是指"神无所不在"，这里指网络无处不在的意思）的转变。

无线通信新技术新产品具有无线通信的共有特征：网络建设速度快、成本低、组网灵活、易扩展、施工维护方便等。除 WiMAX 技术外，一般还具有"三低一短"的特点，即低速率、低成本、低功耗，以及通信距离短。通信距离一般从几 cm 到几百 m，少数有几十 km 的。速率一般为 kbit/s 到 Mbit/s 量级。其应用领域集中在四个方面：一是消费类电子产品中，如随身听、照相机、PDA、笔记本计算机、手机等；二是家电中；三是网络中的应用，如个域网络、家庭网络、局域网、接入网等；四是工商业中的应用，如物流管理、生产控制与管理、商业经营等。

无线通信的这些新技术种类繁多，我们在第 3 章中作了扼要介绍，这里对影响较大的一些新技术作详细论述。

5.2　WiMAX

5.2.1　WiMAX 概述

WiMAX 从字面上讲是全球微波接入互操作性技术，实际上是一种新型的无线宽带综合接入技术。它在实现无线宽带接入的同时不断增强移动性。不仅能解除金属线的束缚，而且还能大大地扩展其网络覆盖区，增强其灵活性。其带宽能力不仅可与 DSL 和 Cable Modem 相比，甚至可与光纤竞争。WiMAX 家族速度已达 134Mbit/s 之高，通信距离达 50km，这已充分显示出其巨大的优越性。

WiMAX 是基于 IEEE802.16 标准的宽带无线接入城域网技术（WMAN），该标准于 2001 年 12 月被正式批准。是针对 10～66GHz 频带视距范围的无线城域网所制定的标准。后来发展成一个系列标准，其中 IEEE802.16a 为 2～11GHz 频带的非视距宽带固定接入。IEEE802.16d（2004 年公布）是 IEEE802.16 的改进型和增强型，主要是统一固定无线接入的空中接口。用来完善和提高宽带固定接入系统的性能和简化部署。对频带 10～66GHz 和 11GHz 以下频带的固定带宽无线接入空中接口物理层和 MAC 层作了详细的规定，并支持多业务的固定宽带接入。IEEE802.16e 是针对移动性宽带无线接入的标准，能支持移动速率为 120km/h 的几十 Mbit/s 宽带接入。IEEE802.16 标准也称为 WiMAX 技术，通常以 WiMAX/802.16 形式表示。

WiMAX/802.16 网络使用的频带有：牌照许可频段为 10～66GHz 以及 11GHz 以下频段，其中免牌照频段为 5～6GHz。10～66GHz 频段由于波长很短适合于视距传输，而且多径影响可以忽略不计。其典型信道带宽为 25MHz 和 28MHz，可以实现高速率数据传输。该网络非常适合点对多点方式接入。对于工作在 11GHz 以下频段，由于波长较长，必须考虑其多径影响，采取必要的技术措施加以抑制。如在物理层采用功率控制技术，多天线技术等。在媒质接入控制（MAC）层采用网状网拓扑结构及自动请求重传等。在使用免牌照频段（5～6GHz）时，除了考虑多径影响外还要考虑与其他系统的相互干扰问题。为此，WiMAX/802.16 引入了动态频率选择机制，避免与别的系统使用相同频率时互相干扰。

WiMAX 技术具有许多独特的优势，概括起来有以下七点。

① 传输距离长，可达 50km。网络覆盖面积是 3G 的 10 倍，只需建少量基站就能覆盖整个城市。

② 接入的速率高，服务的用户多。最高接入速率达 70Mbit/s，1 个基站能支持 60 多个 T1/E1 用户。

③ 网络易扩大容量和升级。运营商可根据需要很容易新增扇区、扩大范围、增加服务

用户数量，组网也灵活。

④ 信道带宽可根据需要进行调整，有利于抗干扰和节省频谱资源，也便于频谱规划。

⑤ 支持数据、语音、视频以及多媒体业务，并且有电信级的 QoS 保障。

⑥ 实现无线形式的最后 1km 宽带接入的同时，能保持对 WiFi 技术的补足功能。业务提供商用 IEEE802.16 设备提供 T1/E1 速率的网络连接至 WiFi 的接入点，即可解决用户的宽带接入问题，既省时又省钱。

⑦ 整个网络建设及维护都是低成本的。

5.2.2 WiMAX/802.16 网络参考模型及其功能

如图 5-1 所示是 WiMAX/802.16 网络参考模型。它由两个部分组成，即数据/控制平面与管理平面。前者的功能主要是保障正确的传输，后者的功能主要是通过相关协议实现网络管理。WiMAX/802.16 标准为空中接口定义了物理层（PHY）和媒质接入控制（MAC）层。其中物理层多采用正交频分复用（OFDM，也称正交多载波传输）工作模式，并支持时分双工（TDD）和频分双工（FDD）。OFDM 技术多应用于军事领域，具有许多优良性能，其频谱利用率高、抗时延扩展性强、支持不对称传输和非视距传输等。MAC 层划分为三个子层：面向业务的汇聚子层（CS）、公共部分子层（CPS）和安全子层（SS）。下面讨论它们的功能。

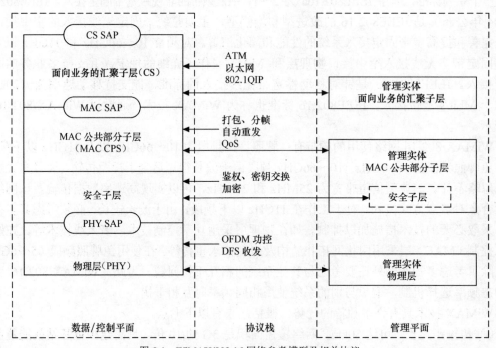

图 5-1 WiMAX/802.16 网络参考模型及相关协议

面向业务的汇聚子层（CS）——通过业务汇聚服务访问点与外网络之间建立联系。即映射或转换由本层服务访问点接收到的外网络数据到 WiMAX/802.16 系统内 MAC 层业务数据单元（SDU）。该层对接收到的外部网络 SDU 进行分类，并与相应的服务流（上下行的分组数据）建立对应关系，以及对净荷的报头进行压缩等。

IEEE802.16 定义了两种 CS 层规范以适应不同的上层协议，主要是针对 ATM 信元和 IP 包的传输，以此支持 ATM 的各种业务和 IP 包的各种业务。无论是面向连接的还是面向无连接的各种业务都可映射到一个连接中，从而为 QoS 提供了保证。

公共部分子层（CPS）——MAC 层性能实现的核心，QoS 有保障的关键。整个系统的接入，带宽的分配，连接的建立与维护等都需要 CPS 子层的支持。CPS 子层对经过 CS 子层汇聚之后的 MAC 业务数据单元进行打包（分组）、分段处理，然后把数据重新组装成适合空中接口传输的数据包，加上 MAC 头和 CRC 循环冗余校验，形成 MAC 协议数据单元（PDU），再经过串联处理形成 Burst 递交物理层发送传输。此外，CPS 层也具有反向传送处理功能以及重传功能。

安全子层（SS）或称私密子层（PS）——主要负责 MAC 层的鉴权、认证、密钥交换和加密等功能。它有两个主要协议：一是数据包的加密打包协议，它定义了一系列的认证和加密算法，以及将这些算法运用到协议数据单元净荷部分的规则；二是密钥管理协议，主要是提供基站（BS）与用户站（SS）之间安全密钥分配机制，基站可通过该协议提供有条件的网络接入服务。

这里须指出，为了提高 WiMAX/802.16 系统的整体性能，在设计中引入了联合优化思想，在 CPS 子层中定义了多种服务质量保证机制。该标准还定义了多种物理层工作模式，如单载波、OFDM、OFDMA 等。每一种传输方式都有自己的合适工作频率以及支持的上层应用。物理层支持 TDD 和 FDD 方式工作。同时支持点对多点结构及网格状结构。

WiMAX/802.16 具有灵活地划分载波带宽的功能，在 1.25～20MHz 之间规定了两个系列：1.25MHz 的倍数系列及 1.75MHz 的倍数系列。对 10～66GHz 的固定无线接入系统还可采用 28MHz 载波带宽。正因为有以上的工作模式和灵活的载波带宽，使得其能适应各国的不同管制，以及方便地进行部署。这也是 WiMAX/802.16 技术优势的一个方面。

5.2.3　移动宽带接入技术

支持移动性的关键技术是实现无线线路的无缝切换。IEEE 802 .16e 是支持用户站以车速移动的宽带无线接入网标准。该标准规定了基站之间或扇区之间的交换。该系统由移动站（MS）、基站（BS）以及认证和授权服务器（ASA）所组成。基站用于向已授权的移动站提供网络服务。该系统的性能、参数是：

支持 TDD/FDD，支持快速切换，保证移动 IP QoS；

后向兼容 IEEE 802.16d 标准；

工作频带：2～6GHz 的特许频带；

信道间隔：1.25MHz 的整数倍，但最高为 10MHz；

上行速率为 32kbit/s～1.5Mbit/s；下行速率为 512kbit/s～6Mbit/s。

5.2.4　WiMAX 网络结构

IEEE 802.16 标准虽然没有明确的组网方案，但支持以基站为中心的星形网络，即一点到多点（PMP）的网络系统，以及网格形（Mesh）的网络结构。图5-2是逻辑网络参考模型。
图中SS是不移动用户终端，而MSS是移动用户终端。BS是基站，在移动网络中起接入点（AP）作用。ASA是认证和业务授权服务器，通常称为AAA服务器，也兼管收费功能。参考点U或MU是空中接口，用来传送终端与基站之间交互的信息和上下行的数据。IB接口用于传送基站之间的信令，起软切

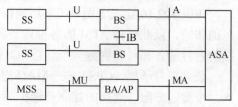

图5-2　IEEE 802.16逻辑网络参考模型

换的作用。参考点A或MA是传送基站或接入点与服务器ASA之间的鉴权和授权信令的接口。

5.2.5　WiMAX 与 3G、Wi-Fi 的比较

1. 与 3G 的比较

由前述可知，WiMAX 技术除了固定无线接入外也有移动无线接入，这是否与移动 3G 技术相冲突呢？两者的比较如下。首先，两者的目标不同，WiMAX 的目标是实现无线宽带接入，3G 是实现无线移动宽带接入，两者发展的初衷和设计目标不同；其次，两者的依据标准和用途不同，WiMAX 基于无线城域网标准，主要用于固定和低速移动的高速数据接入，而 3G 是基于无线广域网标准，主要通过基站提供大范围高速移动的话音和中低数据率传输；最后，WiMAX 着眼点是固网的无线延伸及消费类电子，主要针对高速数据业务，能为城市用户提供高速、快捷、服务质量有保证的数据服务，语音服务是次要的，而 3G 着眼于手机，提供高速移动高质量大范围的话音服务是主要的，数据速率相对较低。由此可知，两者在功能上有部分重叠，但在发展方向、应用领域、面对客户群上有所侧重。因此两者的关系是共存、互补、融合。

2. 与 WiFi 的比较

Wi-Fi 是一种无线局域网接入技术，已有十多年的应用，网径数百米，速率达 11Mbit/s。目前应用广泛，如手机、笔记本电脑、PDA 中，以及机场、车站、图书馆等场所。WiMAX 若与 WiFi 配合使用，用于 Wi-Fi 热点之间的传输，可构成完整的 MAN/LAN 解决方案。但在家庭和办公室无法替代灵活而低成本的 Wi-Fi。

三者相比，3G 覆盖广、高移动性和中等数据速率；Wi-Fi 可提供热点覆盖、低移动性和高速传输；而 WiMAX 可提供城域覆盖和高速传输。Wi-Fi 针对企业应用，3G 针对电信应用，WiMAX 两者兼有。由此可以看出，三者互补是主要的，冲突是小的，也是可以化解的。

5.3　UWB

5.3.1　UWB 概述

UWB 是一种新的无线电通信技术，大约在 20 世纪 60 年代出现其雏形，1989 年美国国防部首次使用"超带宽"这一术语。其含义是指产生、传输、接收纳秒级脉宽的爆发式射频

能量脉冲。由傅里叶变换理论可知，这种时域脉冲在频域中有很宽的带宽。这一技术克服了传统无线电通信在传播方面的重大难题，开创了具有 GHz 容量的新通信方式。

超带宽通信具有一些优异的特性：对传播中信道衰落不敏感，抗干扰性强；发射信号功率谱密度较低，功耗小；被截获与检测的概率小，保密性相对较好；定位精度高，以及非常适合密集多径场所的无线高速接入，在军工领域有广泛的应用。

根据该规定，在无须授权的情况下，3.1～10.6GHz 之间的 7.5GHz 的带宽频率是其使用的频率范围。为了防止其他产品在同频或邻频情况下的干扰，对其辐射功率作出了严格的限制：规定等效各项同性辐射功率为−41.3dBm/MHz 以下，相当于带宽 1MHz 的辐射体在 3m 距离处产生的场强不超过 500μV/m，功率谱密度小于 75NW/MHz。

UWB 的通信方式完全不同于传统的通信方式，被称为无载波技术、基带传输技术或脉冲无线电技术。它是发送和接收脉冲间隔严格受控的高斯单周期超短时脉冲（ns 级或更小），并利用发送脉冲信号传送数据的一种无线通信技术。这种技术的突出特点是：① 传输速率非常高，高达 1Gbit/s；② 信号功率十分低，在频谱上会体现出噪声化特征，不对其他信号产生任何影响；③ 信号被分散在一个很宽的频带内，因而通信容量可以很大。

5.3.2　UWB 系统组成与工作原理

由于是 UWB 通信，可以将信息直接调制在脉冲序列的任何参数上进行传递（包括频率、相位、幅度以及电压），发送端不需要高频载波发生电路，接收端也无须载波解调电路。因此，收发信机的复杂程度大大地简化，体积也会缩小很多。图 5-3 是其收发信机组成框图。在发射端，数据直接对射频脉冲进行调制，并通过可编程延时器对脉冲进一步的时延控制，从而实现伪随机码的时域编码和时域调制。脉冲发生器根据要求产生时间宽度极短的窄脉冲，直接激励 UWB 天线进行辐射发射。这里的脉冲发生器不仅可以代替功放功能，而且直接决定 UWB 特性。脉冲的持续时间越短，脉冲所占的带宽就越宽。由此可见，脉冲发生器在 UWB 通信中是非常关键的组成部分。信号的发射是用脉冲直接激励天线来实现的。不需要传统的上变频、功率放大以及混频器。

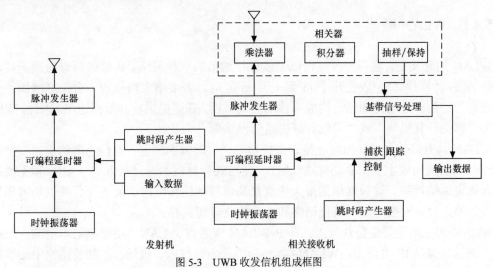

图 5-3　UWB 收发信机组成框图

在接收端，信号通过相关器与本地模板波形相乘，积分后通过抽样保持电路送到基带信号处理器中，由捕获跟踪部分、时钟震荡器和跳时码产生器控制可编程延时器，根据相应的时延控制产生本地模板波形，与接收信号相乘。省去了传统通信设备中的中频级，大大地降低了设备的复杂性和成本。

总之，收发信机的组成结构与传统的通信收发信机相比较已是大大地简化。除此之外，其电路几乎都是由数字电路构成，因而成本低廉，体积缩小，可靠性也较高。

UWB 通信中的天线不是一般的天线，必须能够有效地辐射时域短脉冲才行。目前比较好的天线，是利用微波集成电路制造工艺制成的毫米、亚毫米波段集成天线。

5.3.3　UWB 技术的应用

前面已经说过，UWB 非常适合于密集多径场合的无线连接。由于其功率谱密度非常之低，再加上编码的伪随机化，信号被检测识别出是很困难的。因而广泛地应用于军工系统和保密保安系统。除此之外还应用于以下领域。

① 与蓝牙技术以互补的关系应用于家庭网络以及办公室网络。两者有许多相似或相同的功能，但是 UWB 的速率要快得多。能起到设备之间的自动连接、智能管理、精确定位，以及安保等方面的作用。

② 与家庭射频技术（HomeRF）以互补形式应用于家庭住宅环境中。HomeRF 技术支持 TCP/IP 协议，虽然速率较低（1～2Mbit/s），但传输距离较长，可与 UWB 形成互补。

③ UWB 技术可以构成速率高达 1～2.5Gbit/s 的以太网接口，这具有重要的意义。因为以太网已发展成局域网、接入网、广域网的主要网络形式。

④ 个域网的应用。

⑤ 可以预见，UWB 技术也将在泛网中起重要作用。

5.4　WLAN

5.4.1　WLAN 概述

WLAN 的含义是：在局部区域内以无线进行通信的一种网络。传输媒质有射频无线电波及红外光波两种。网径一般在几十 m 到上百 m 之间，若要增大网径成本会急剧增加。它将数据通信网与用户移动性相结合构成可移动的局域网，并能提供较高数据速率。因此，WLAN 也称为"移动计算机网"或"无线计算机通信网络"。

WLAN 具有高速传输、面向连接、支持 QoS、自动频率配置、支持小区切换、安全保密等特点。该系统构成主要由移动终端（MT，便携式计算机）通过接入点（AP）和无线路由器接入固定通信网络。这种网络的最大优点是其可移动性和组网的灵活性。缺点是可靠性与安全性较差，设计时要考虑与其他网络和标准的兼容和共存。

WLAN 的应用主要是公众接入，即 P-WLAN 或热点 WLAN。用于笔记本电脑、PDA、手机上网以及提供 IP 电话（VoWLAN）等，为办公室、校园、机场、车站及购物中心等处的用户终端提供接入服务。

5.4.2　WLAN 的拓扑结构与协议

1. 拓扑结构

WLAN 的拓扑结构有两种，一种是自组网络型，另一种是基础结构型。不同的拓扑结构有不同的服务集和标识符。服务集是描述网络的基本组成，服务标识符（SSID）是无线局域网的网名。它是用来实现无线客户端与其他无线客户端或基站之间正确联系的一种手段。它在数据帧中被发送和接收，由包括文字和数字并区分大小写的 232 个字符长度所组成。WLAN 的通信和相互联系就是靠标识符来实现的，这是与有线局域网的最大不同。

自组网拓扑是由若干无线客户端设备依照相同的服务集标识符相连接而组成网络。它所覆盖的服务区称为独立基本服务集（IBSS），客户之间可直接互相通信。由于它没有基站，所以网络管理功能由一个客户端代执行。这种网络很简单，适合数量较少的用户群，而且无法与有线网络相连，也称为 Ad Hoc 网络，如图 5-4 所示。

基础结构型拓扑由基站、客户端设备所组成，如图 5-5 所示。覆盖区域分基本服务集（BSS）和扩展服务集（ESS）。该网络中要有一个基站充当中心站，网络中所有站点对网络的访问和通信全由它来控制。并担负起局域网互连和接入有线主干网，起到逻辑接入点的作用。当接入有线网时，中心基站需将 WLAN 数据帧转换为有线局域网的数据帧以沟通两网。基本服务集是指只有一个无线基站并和一个有线局域网或一些无线客户端相连接所构成的网络。客户之间的通信或客户与有线网络的通信都必须通过这个基站。扩展服务集是指连接一个或多个基本服务集所构成的分布式系统。分布式系统可能是各种网络形式。一个扩展服务集至少有两个无线基站工作在基础结构模式（图 5-5 中至少有两个 BSS）。网络内的通信至少通过其中一个基站。当无线客户端在多个基站之间漫游时，客户端要与所有基站建立相匹配的 SSID。这里须指出，中心站点的故障会导致整个网络的瘫痪，建网时要特别关注。

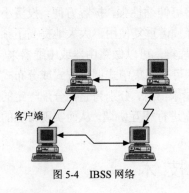

图 5-4　IBSS 网络

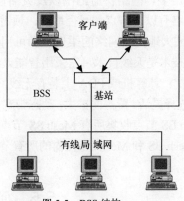

图 5-5　BSS 结构

2. WLAN 的协议

WLAN 的协议标准目前有两大技术体系。一种是基于 IEEE802.11 协议标准体系。它是由国际电气和电子工程师联合会制定发布的。另一种是由欧洲电信标准协会制定的 HiperLAN 标准体系。IEEE802.11 标准有 1997 年版本和后来补充的 1999 年版本。我们重点介绍这个标准。

IEEE802.11 规定了三种物理层媒质的工作方式：跳频物理层在 2.4GHz 频带上提供 1～2Mbit/s 的传输速率；直接序列扩频物理层，在 2.4GHz 频带上提供 1～2Mbit/s 的传输速率；红外物理层也提供同样大小的速率。1999 年 9 月 IEEE802.11b 标准获得批准，为支持更高速率，选择了直接序列扩频传输技术。802.11b 使用动态速率漂移的自适应技术，随环境变化在 11Mbit/s、5.5Mbit/s、2Mbit/s、1Mbit/s 之间切换，且在 2Mbit/s、1Mbit/s 时与 802.11 兼容。同时批准的 IEEE802.11a 标准，采用正交频分复用的多载波调制方法，使数据速率大为提高。802.11a 标准工作在 5GHz 频带，物理层最高速率可达 54Mbit/s。能提供 25Mbit/s 的无线 ATM 接口和 10Mbit/s 的以太网无线帧结构接口，还能提供空中的 TDD/TDMA 接口。两者的差别在于 MAC 子层和物理层。

IEEE802.11 标准的其他协议还有：① 2003 年 7 月公布了 802.11g 标准，它采用正交频分复用调制技术，使 2.4GHz 频带物理层的传输速率高达 54Mbit/s；② 802.11e 标准正在制定和完善之中，它强调网络的 QoS，用时分多址（TDMA）取代 MAC 子层管理，按照数据的种类，给予重要的通信以优先权，并保证其足够的带宽；③802.11n 标准，采用双频工作模式（2.4GHz 和 5GHz 两个频带），与 802.11a/b/g 标准兼容。物理层的速率显著提高，可达 108～320Mbit/s，并有望达到 600Mbit/s。

我国根据这些标准和本国实情，制定了 GB15629.11 协议标准，它是基础性标准，与 IEEE802.11 标准十分相近；制定的 GB15629.1102 协议标准与 IEEE802.11b 标准相当。根据需要可进行查阅。

5.4.3　无线网状网

无线网状网（Wireless Mesh）是一种高容量、高速率点对多点的宽带无线技术。它不同于其他无线网络结构，其每个用户节点都是骨干网络的一部分，可转发其他用户节点的信息，且随节点的增多，网络覆盖范围以及灵活性也会随之增加。

网状网络有以下特点：网径增大，频谱利用率提高，容量也增加；该网络具有多路由自动选择特性，大大地提高网络的柔韧性和可用性；网络可伸缩性强，扩容方便；投资小，风险低。

其关键技术是天线技术，它采用智能天线，允许频谱重复使用，大大地提高了频谱利用率，还可减少干扰；计算机或 PDA 上装有无线网状网芯片集，可以做路由器或中继器来转发数据信号，使路由选择灵活，覆盖面扩大；动态带宽分配技术可采用集中式调度方式或分布式调度方式。前者由 Mesh BS 节点收集所有 Mesh SS 节点的资源请求信息，分别为它们分配一定的带宽资源。后者包括 Mesh BS 和 Mesh SS 在内的所有节点间带宽进行相互协调，从而实现带宽的动态分配。

5.5　蓝　牙　技　术

5.5.1　蓝牙技术概述

蓝牙技术（Bluetooth）是一种低成本近距离的无线通信技术。它的初衷是替代一般的电缆连线。它以蓝牙技术的芯片为节点，随时随地地把信息化设备、网络设备连在一起。它是不需要任何基础建设和基站，也无须改变现有通信设施就能实现的一种无线通信，因而成本非常低廉。

蓝牙技术的概念是由爱立信、IBM、Intel、诺基亚、东芝等集团于 1998 年共同发起并提出的（成立"蓝牙特殊利益集团，简称 SIG，为蓝牙国际组织的代名词"），目的是统一全球通用 2.4GHz ISM 频带的无线通信标准。为纪念丹麦"蓝牙"国王统一斯堪的纳维亚半岛的功绩，就将该技术命名为蓝牙，寓意全球要有统一的标准。

以蓝牙技术建立的网络，其中有一部分甚至全部的节点都处于移动环境中，这与传统的有线通信和无线通信有很大差别。相比较而言，蓝牙技术具有以下诸多特点：

① 能同时支持电路交换和分组交换，既可传送语音又可传送数据，而且能同时传送；

② 采用全球通用的工业、科技、医学（ISM）共用频带–2.4GHz 频带，使该类产品便于普及和方便应用；

③ 具有"三低一短"，即低速率、低功耗、低成本和短距离（厘米级到米级）的特点；

④ 安全性有保障：虽然移动性和频带的开放性使其安全性受影响，但是其跳频技术、协议认证和加密技术，以及超短距离使其安全性大有保障。

如今，蓝牙技术已有相当广泛的应用。在消费类电子产品（移动电话、笔记本计算机、掌上计算机、数字相机、免提式耳机等）、办公自动化（传真机、打印机、投影机等）、因特网、局域网、家庭网络以及家电中将有广泛的应用，因此有巨大市场。

5.5.2　蓝牙协议

1. 蓝牙协议的演进

蓝牙协议已有多次的演进过程：最初的蓝牙版本（1.1 版）规定的传输速率的峰值为 1Mbit/s，而实际上是 723kbit/s。当初的产品就是按照这个标准开发的。自完成第一版蓝牙标准的制定以来，蓝牙 SIG 仍然持续不断地对蓝牙技术标准进行修正与改版的工作，目的是期望蓝牙技术能够充分满足系统产品更易于使用的需求，蓝牙标准版本 1.2 就是 1.1 版演进的结果。对于蓝牙厂商而言，能否确实掌握蓝牙核心技术，并推出可发挥技术特性的产品，乃是提升产品竞争力的重中之重。因此，为能有效抢占市场商机，在技术上一定要紧跟标准的演进。

蓝牙 1.2 版本的发表，被 SIG 视为能够让蓝牙产品更易于使用的里程碑，其与 1.1 版本相比而言，主要是增加了以下三项新功能。

① 适配性跳频技术（Adaptive Frequency Hopping，AFH）。主要的功能是用来减少蓝牙产品与其他无线通信装置之间所产生的干扰问题，通过传输链路的侦测与区隔，以有效避免蓝牙与其他无线通信技术之间的干扰。

② 延伸同步连接导向链路技术（Extended Synchronous Connection-Oriented Links，ESCOL）。对语音传输执行错误侦测，并适时提供语音数据的重传，以此提高 QoS。

③ 快速连接技术（Faster Connection）。蓝牙产品在重新连接时要花费 1.25～2.5s 的时间进行重新搜索与再连接，1.2 版本克服了这些缺点。

此外，1.2 版本具有后向兼容能力，充分保护 1.1 版本的利益。

蓝牙 2.0 版的数据传输速率峰值为 3Mbit/s，而实际为 2.1Mbit/s。在蓝牙 2.0 版本的规范中，EDR（Enhanced Data Rate）作为补充出现。它正确定义了调频技术的改变和额外的封包类型，这使它能够以 3Mbit/s 的速率进行传输。所以，我们通常看到的是"蓝牙核心规范 2.0 版本+EDR"的说法。EDR 除能提供额外的频带给蓝牙射频，支持高质量的音频流外，还能降低功耗，兼容 1.2 版本。

2007 年 3 月 28 日，SIG 公布了蓝牙 2.1 版本，同年 7 月宣布采用蓝牙新版本 V2.1+EDR 标准。该标准有两大技术提升。① 实现即时配对功能，使蓝牙连接简单快捷。例如，将蓝牙耳机和蓝牙手机配对，只要打开蓝牙耳机，选择手机中"添加耳机"菜单，就可看见手机确认已找到并连接保密的配对耳机。同时也提高了安全性。② 节省能源，减少功耗。使电池的使用寿命延长 5 倍之多。

2．蓝牙协议

蓝牙协议规范是保证各国各个厂家生产的蓝牙设备之间能够有效连接并互连互通。蓝牙规范是 2001 年 2 月公布的，由核心规范和协议子集规范所组成。核心规范定义了协议栈中各层的功能协议，协议子集规范是描述利用协议栈中定义的协议如何实现一个特定的应用。蓝牙协议栈采用事件驱动的多任务运行方式，它本身作为一个独立的任务运行，由操作系统协调它和应用程序之间的关系。协议栈内部是根据协议层次按模块来设计和编程的。下层为上层提供应用接口服务，并调用下层的 API 来完成本层的任务。蓝牙协议栈结构如图 5-6 所示，它由核心协议、电缆替代协议、电话控制协议，以及接纳协议所组成。

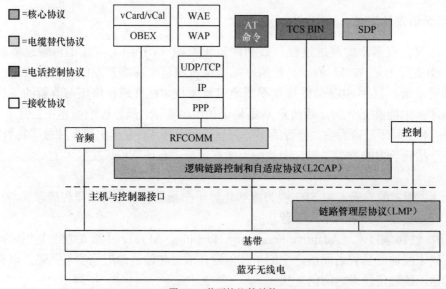

图 5-6　蓝牙协议栈结构

AT：注意序列（modem 前缀）；TCS BIN：二进制电话控制规范；IP：网际协议；
UDP：用户数据报协议；OBEX：对象交换协议；vCal：虚拟日历；
PPP：点到点协议；vCard：虚拟卡；RFCOMM：无线电频率通信；
WAE：无线应用环境；SDP：服务发现协议；
WAP：无线应用协议；TCP：传输控制协议

（1）核心协议

核心协议是专门针对蓝牙开发出的专用标准协议，由无线电层协议、基带层协议、链路管理层协议、逻辑链路控制和自适应协议、服务发现协议等所构成。

① 无线电层协议规定了空中接口的细节，包括频率、跳频的使用、调制方式、传输功率等。蓝牙技术标准中规定的速率是在 79 个 1MHz 信道内按伪随机序列方式 1 600 跳/s。

② 基带层协议决定蓝牙设备互通过程，包括编码/解码、跳频频率生成与选择。此外，还定义了蓝牙设备之间的物理射频连接，以形成微微网（蓝牙通信的基本拓扑结构）的有关技术，包括带宽资源共享、连接的建立、寻址、包格式、计时以及功率控制。

③ 链路管理层协议负责两个或多个设备链路的建立与拆除、安全与控制，包括设备认证、硬件配置、加密、控制和协商基带分组的大小等。

④ 逻辑链路控制和自适应协议是该协议栈的核心组成，使高层协议适应基带层，为高层协议屏蔽了下层协议的细节，向上层提供面向连接和无连接的数据服务，使高层协议不必了解无线层和基带层的频率跳变和蓝牙空中接口上传输方向的特殊分组格式。它主要完成数据的拆装、QoS 控制、协议的多路复用、分组的拆分和重组以及分组提取等功能。

⑤ 服务发现协议是一种基于客户—服务器结构的协议，它工作在逻辑链路控制和自适应层之上，为上层应用程序提供一种机制来发现其他蓝牙设备中提供的可用服务及其属性，以及如何应用这些服务的方法。服务属性中包括服务的类型及该服务所需的机制或协议信息。只要位于有效通信范围内，就可建立逻辑链路的连接，并发现主设备能够提供的服务。应用该协议就可查询到设备所能提供的服务类型及有关属性，从而，蓝牙设备之间才能建立连接来使用对应的服务。

（2）电缆替代协议

无线电频率通信（RFCOMM）是包括在蓝牙规范中的电缆替代协议，它提供一个虚拟的普遍使用的串行端口，使电缆技术的替代尽可能的透明和方便。

（3）电话控制协议

TCS-BIN（Telephony Control Specification-Binary）是电话控制协议，它为蓝牙设备之间的话音、数据呼叫的建立定义呼叫控制信令。另外，它还为处理蓝牙各组之间 TCS 设备定义了移动管理过程。

（4）接收协议

接收协议是其他标准制定组织发布的规范定义，并纳入总体的蓝牙结构中。它包括以下内容：传输 IP 数据包的点对点协议，TCP/UDP/IP 协议，OBEX 对象交换协议，无线应用环境和无线应用 WAE/WAP 协议。

除以上无线电通信技术外，还有 RFID、ZigBee 以及许多无线数字通信技术，如无线 ATM 等，这里不再一一介绍。

由于无线电通信技术发展十分迅速，不仅出现了许多新技术、新产品、新应用，还出现了一些新概念，如认知无线电。

为提高频率利用率人们提出认知（CR）无线电技术概念，也称为智能无线电。广义上是指无线终端具备足够的智能或认知能力，通过对周围无线环境的历史和当前状况进行检测、分析、学习、推理和规划，利用相应结果调整自身的传输参数，使用最合适的无线资源（包括频率、调制方式、发射功率等）完成无线传输。目前 IEEE802.22 工作组正在进行此项工作。

5.6 无线自组织网络

5.6.1 无线自组织网络概述

无线自组织（Ad Hoc）网络是一种快速建立的临时性通信网络。它不需要任何通信基础设施，根据需要搭建两个节点或多个节点之间的通信连接的网络，即在不受通信基础设施限制的情况下，实现多个移动终端之间的相互通信。其应用场合相当广泛，尤其是在一些特殊环境下能发挥最重要的作用。例如，在现代战场上，可将卫星、飞机、战车、士兵之间快速建立起一个立体通信网，以便统一指挥协同作战；在重大自然灾害发生区域（如地震、森林火灾等），当正常的通信设施遭到破坏不能正常工作的情况下，需要迅速建立一个临时通信网络进行抢险救灾，Ad Hoc 网络就能够解决这个问题。

究竟什么是 Ad Hoc 网络呢？严格地讲，是一系列装备无线电通信装置、具有联网能力的设备组合成的一种通信网络。这些设备无论在其信号覆盖范围之内还是在其之外，均可以进行通信。前者为直接通信，称为单跳路由，后者需借助中间设备接力或转发，需采用多跳路由技术。这种网络没有中心控制设备，需要采用分布式协议来保障网络的正常运行。

Ad Hoc 网络是在 20 世纪 90 年代后才引起人们关注的，并成为无线通信在移动网络中应用的研究热点。单词"Ad Hoc"隐含有可为任何形式的意思。所以 Ad Hoc 网络的拓扑结构是不固定的，随节点移动而随时有变化。这导致链路容量也呈现出时变特性。这是 Ad Hoc 网络的两大特点，也导致其技术上的困难性。① 由于无基础设施和控制中心，系统协调和管理只能依靠分布式算法来实现。② 当节点移动距离超过单跳传输距离时，必须借助邻近节点的转发才能完成信号传递，也就是说节点还要担负起路由功能，从而增加节点的开销和复杂性。③ 节点的移动性和位置的不确定性常导致路由变化，这不仅使路由开销增加，也会引起分组丢失和错误，降低通信质量等。

除以上情况外，还需要关注两个问题，一是动力，各节点均以电池作动力，这就有工作寿命问题；另一个是无线通信普遍存在的安全问题。

在 Ad Hoc 网络中，可能有许多无线电设备同时接入信道，这会导致分组（信息）之间发生冲突，使接收无法正常进行。为此，需要媒质接入控制（MAC）协议来规范信息收发过程的基本规则。MAC 协议通过一组规则和流程有效有序地使用共享媒质，以此保障其网络的通信质量。

5.6.2 MAC 协议及相关概念

Ad Hoc 网络本质上是无线电通信网络，无线通信的一切特征都有，如信号强度随传播距离衰减，信号传播有时延，信号有泄露等。但在 Ad Hoc 网络中有两种特殊现象，即隐藏终端与暴露终端是应特别关注的。

1．隐藏终端问题

在 Ad Hoc 网络中，只有节点处在发射节点的信号覆盖范围内，才能检测到信道上的信号。然而有这样的一种现象，在两个节点向同一个节点发送信号时，如果在接收节点处发生冲突，就不能正常接收，好像都不在对方的信号覆盖之内，出现这种现象时就认为两个节点相互隐藏，图 5-7 所示的节点 A 和 C 相对于节点 B 就是隐藏终端。

为了避免这种现象发生，所有接收节点需了解邻近节点信道被占用的情况，然后决定是否发或什么时候发信息。使用握手协议就可解决这个问题，首先是发送节点向接收节点发送请求发送信息（Request to Send，RTS），如果接收节点允许发送，就用 CTS（Clear to Send）分组表示同意。此方式在一定程度上缓解了冲突矛盾，然而在众多节点收发过程中仍会出现隐藏终端问题。这需要用另外的办法进行解决。通常的办法是将控制信道和数据信道分开，并使用定向天线即可解决。

2．暴露终端问题

如果节点侦听到邻近节点在进行数据发送，该节点就自动禁止向其他节点发送数据，这种现象称为暴露终端问题。一个暴露终端，即一个节点在发射信号覆盖范围之内，却被排除在接收之外。它引入了不必要的禁止接入，造成通信质量下降。如图 5-8 所示，A 节点在 B 节点的发射信号之内，然而当 B 节点侦听到 C 节点在进行数据发送时，B 节点就自动禁止向 A 节点发送数据，这样 A 节点就被排除在接收信号之外，这种情况的节点 A，被称为暴露终端。

图 5-7　节点 A 与 C 相对于节点 B 是隐藏终端 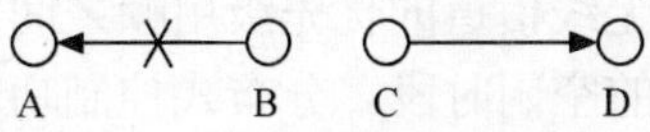　　　　　图 5-8　暴露终端问题

3．MACA 与 MACAW 协议

为了防止信道中信息碰撞，多采用载波监听多路访问（CSMA）和载波监听多路访问/冲突检测（Carrier-Sense Multiple Access with Collision Detection，CSMA/CD）方法。然而在 Ad Hoc 网络中，对隐藏终端和暴露终端问题，载波监听办法常常不起作用。为此需采用 CSMA 和 RTS/CTS 握手来避免冲突（CA），即 CSMA/CA。去掉不起作用的载波侦听（CS）之后就剩下 MA/CA 了，称 MACA 为避免冲突的多址访问（接入）协议。

MACA 避免冲突的核心是 RTS/CTS 分组对信道上其他移动节点的影响。如图 5-9 所示，其中节点 C 不能收到节点 A 发送的分组，但能收到节点 B 发送的分组。当节点 C 监听到 RTS 或 CTS 分组之后，该节点就需要等待一段时间才能发送，等待时间的长短由发送节点（A 节点）RTS 分组中包含待发数据的长度所决定。该数据长度由接收节点（B 节点）复制到 CTS 中，C 节点接收并通过计算就可知道等待时间的长短，然后再发送。这一过程中就扼制了其他节点发送分组的"企图"，所以 MACA 减轻了隐藏终端问题。

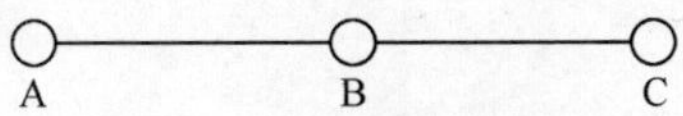

图 5-9　减少暴露终端问题

如果一个节点听到了一个 RTS（非自己的），但没有听到对 RTS 的回应，这就可以假定 RTS 接收者不在其接听范围或关机。在图 5-9 中，节点 A 在 B 的发送范围之内，而在 C 的发送

范围之外。当节点 B 向 C 发送 RTS 时，节点 A 可听到，节点 B 向 C 发送 RTS 时，节点 A 可听到，但听不到 C 的 CTS 回应。于是节点 A 就可发送分组，而不必担心干扰节点 B 的信息发送。

MACA 协议减轻了暴露终端问题，然而需指出该协议并没有完全解决分组之间的冲突。在进一步改进的 MACAW 协议中，增加两个控制分组，使用消息交换机制来控制发送数据分组，对上述问题得到了进一步改善。不过，这些办法都没有彻底解决问题，这还有待发展与创新。

4．DCF 协议

IEEE802.11MAC 协议是无线局域网标准的一部分，其主要功能是信道分配、协议数据单元（PDU）寻址、成帧、检错等。其工作方式有两种：一是分布式控制功能（DCF），二是中心控制功能（PCF）。前者较成熟，在移动 Ad Hoc 网络的测试和仿真分析中常被应用。

DCF 本质上是 CSMA/CA 协议。为什么不采用 CSMA/CD 协议？原因在于冲突发生在接收节点，节点在传输时不能听到信道发生了冲突，自身发出的信号淹没了其他信号，所以冲突检测无法进行。DCF 的载波监听有两种办法，一种是在空中接口，称物理载波监听，它是通过检测来自其他节点的信号强度来判断信道繁忙的情况；另一种是在媒质接入控制层，称为虚拟载波监听，它是通过 MAC 层协议数据单元（MPDU）的持续时间置于 RTS、CTS 和 DATA 帧头来实现虚拟载波监听的。MPDU 是从 MAC 层传到物理层的一个完整的数据单元，包括帧头、净荷和 32bit 的循环冗余校验（CRC）码。持续期字段表示目前的帧结束以后，信道用来成功完成数据发送的时间。移动节点通过这个字段调节网络配置矢量（Network Allocation Vector，NAV）。NAV 表示目前完成发送所需的时间。不管是哪种监听方式，只需其中一种表明信道为"忙"。

接入无线信道的优先级用帧之间间隔长短来决定，即 IFS（InterFrame Space）。它是传输信道强制的空闲时段。分布式控制功能的 IFS 有两种，一是短间隔 IFS（Short IFS，SIFS），另一个是长间隔 IFS（DCF-IFS，DIFS）。如果移动节点只需等待短间隔，该节点就可优先接入信道。否则即便是信道空闲，也得等待 DIFS 时间。若继续监听到信道仍为空闲，这时节点就可开始发送 MPDU 了。接收节点计算校验和，确定收到的分组是否正确无误。若正确无误，再等待 SIFS 时间后，将一个确认帧（ACK）回复给发送节点，表明已成功接收到数据帧。在 DCF 的基本接入方式中，如图 5-10 所示为成功发送一个数据帧的定时图。当一个数据帧发送出去的时候，其持续期字段让听到这个帧的节点（目的节点除外）知道信道的忙碌情况，然后调整各自的 NAV。这个矢量包括了一个 SIFS 时间和后续的 ACK 持续期。

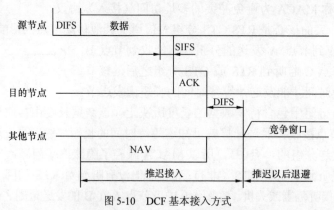

图 5-10　DCF 基本接入方式

在 MPDU 很大时，会造成信道带宽的浪费。解决的办法是在发送 MPDU 之前采用 RTS/CTS 控制帧实现信道带宽预留，以便减少冲突造成的带宽损失。因为 RTS 为 20Byte，CTS 为 14Byte，与最大数据帧 2 346Byte 相比是很小的。若源节点要竞争信道，则先发送 RTS 帧，听到 RTS 的节点从中解读出持续期字段，并设置其 NAV。经过 SIFS 时间以后，目的节点发送 CTS 帧。周围听到 CTS 的节点从中解读出持续字段，并更新 NAV。一旦收到 CTS，经过 SIFS 时间后源节点就会发送 MPDU。周围节点就这样通过 RTS 和 CTS 头部的持续期字段更新自己的 NAV，以此缓解隐藏终端问题。

为了增加传输的可靠性，当大的 MPDU 从逻辑链路层传到 MAC 层时，可将其进行分片发送。具体做法是，首先设置一个分片门限，MPDU 超过部分就分成若干片段，每片段应小于门限，然后按片段的顺序发送。

这里须指出，Ad Hoc 网络中媒质接入控制有许多种协议，限于本书的宗旨，不再一一介绍。

5.6.3　无线自组织网络的路由协议

由于 Ad Hoc 网络的移动性，决定了路由必须不断快速重建，而且其路由方案的优劣将直接影响整个网络的性能。由于移动性，网络拓扑时时刻刻都会有变化，因此路由也在不断变化。这样就决定了每个节点都必须具有路由功能与中继功能，能够发现和识别节点，并与其他节点交换路由信息，转发数据等。

这里有两种情况。一种是节点移动速度很快，新建的路由无法存在一段稳定时间，这样只能用泛洪（Flooding）方法进行处理。这样做代价大，网络性能差。当节点移动速度较快时（20m/s），应按需（式）采用临时建立路由的方法，因为每条路由的时效性很短，在节点内没有必要建立庞大的路由缓存库。另一种是节点移动速度较慢（5m/s）甚至静态，这种情况建立路由可用路由表驱动（式），即在节点内建立路由表，并不断将路由变化情况更新缓存。这种方法速度快，可以减小时延并提高网络性能。

在节点移动较快的情况下需建立临时路由，其思路是，事先建立尽可能多的路由信息缓存起来，并加上生存期（TTL）的限制。发送数据时，先查看是否有有用信息，有则直接用，否则从源节点发路由请求，中间节点收到请求后首先查看自身缓存中是否有到目的节点的路由，有则直接返回其路由，如果没有再继续转发，直至完成这一通信。实现这一过程的路由协议方法很多，我们仅介绍其中较为优异的按需距离矢量（AODV）协议。

AODV（Ad Hoc On-Demand Distance-Vector）路由算法是专为 Ad Hoc 网络设计的一种路由协议，是按需式和表驱动式相结合的一种方式，具有建立路由过程简单，存储和路由开销小，对链路状态变化敏感，支持单播、多播和广播等优点。AODV 引入序列号的方法解决了传统距离矢量（DV）协议中"计算到无穷"的一些弊端，但该协议只适于相邻节点是对称链路的情况。下面介绍其工作原理。

路由搜索完全是按需进行的，它通过路由请求/回复过程实现搜索并发现目的节点的最佳路由。① 首先由源节点广播一条路由请求分组（Route Request Packet，RREQ）信息。② 任何具有到目的节点路由的节点都可向源节点单播一条路由回复分组（Route Reply Packet，RREP）信息。③ 由路由表中的每个节点来维护路由信息，将"请求/回复"所获得的信息与路由表中的路由信息一起保存。④ 序列号用于减少过期的路由，并删除过时序列号的路由。

当不存在已知路由时，源节点向目的节点发送请求分组，这时会启动路由发现过程以寻找到目的节点的路由。源节点首先创建一个 RREQ，它包括源节点 IP 地址、源序列号、广播 ID、源节点已知到目的节点的最新序列号（此序列号对应的路由是不可用的）；然后将 RREQ 广播给相邻节点，邻近节点收到该分组后，又将其转发给它们自己的邻近节点，如此循环直到找到目的节点；这一过程中通过定时器设置时间，并等待回复。图 5-11（a）与（b）分别为 RREQ 传播过程和 RREP 示意图。

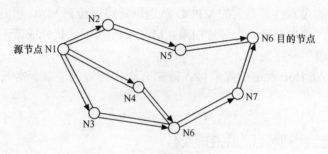

（a）RREQ 传播过程

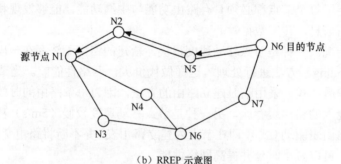

（b）RREP 示意图

图 5-11　AODV 路由建立流程图

中继节点在转发 RREQ 的同时会在其路由表中为源节点创建回程路由入口，即记录邻节点和源节点的相关信息并设置一个定时，若路由入口在定时周期内从未使用过，则该路由就会被删除。

若收到 RREQ 的节点是目的节点，或该节点已有到目的节点的路由，并且该路由的序列号比 RREQ 所包含的序列号大或相同，则该节点就以单播方式向源节点发送一个 RREP，否则它要继续广播接收到的 RREQ 信息，直至寻找到目的节点为止。

5.7　重要的关键技术

在这里我们重点介绍一些十分关键的技术，主要包括正交频分复用技术（OFDM）、多入多出技术（MIMO）、智能天线技术等。

5.7.1　正交频分复用技术

正交频分复用技术（OFDM）实质上是多载波调制技术的一种。其主要思路是，将信道分割成许多正交的子信道，在每个子信道上进行窄带调制和传输。子信道上的信号带宽小于信道的相关带宽。这样，子信道上的频率选择性衰落大致是平坦的，从而大大地降低了子信道之间、符号之间的互相干扰。鉴于这种情况，OFDM 具有较高的频谱利用率、高的抗多径衰落的能力。随着通信宽带化、数字化、移动化、个人化的迅猛发展，OFDM 在综合无线接入技术中得到广泛的应用，并成为无线宽带通信的基础技术。

该技术概念虽然于 20 世纪 50 年代就已经提出，但在模拟技术中难以实现。只有在 20 世纪 70 年代数字处理技术发展以来才有了实现可能。特别是数字处理的大规模集成电路制造技术以及快速傅立叶反变换/傅立叶变换（IFFT/FFT）技术的引用，大大地降低了该技术的复杂性和成本，从而使 OFDM 获得长足的发展。其工作原理如图 5-12 所示。

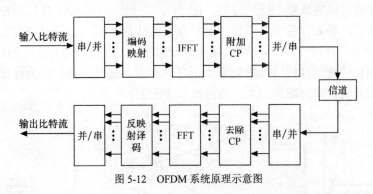

图 5-12　OFDM 系统原理示意图

发射端将输入的高比特流经串/并转换，变成 N 个并行的低速子数据流，每 N 个并行数据构成一个 OFDM 符号（该转换可看成时频映射）。然后利用 IFFT 将每个 OFDM 符号的 N 个数据去调制相应的子载波，变成时域信号。为了在接收端有效抑制符号间串扰，通常在每一时域 OFDM 符号前附加长度为 Ng 个采样的保护间隔（一般选取循环前缀 CP）。最后经并/串变换由发射天线发射出去。在接收端首先完成定时同步和载波同步，经一系列反变换后，进行 FFT 解调和信道估算。再将信道估算值和 FFT 解调值一同送入检测器进行相干检测，检测出每个子载波上的信息符号，最后再通过反映射和信道译码恢复出原始比特流。

概括起来，正交频分复用技术有以下优势。

① 频谱利用率高。各子载波相互正交，信道频谱重叠，因而可最大限度地利用频谱资源。

② 高速数据流变换成若干并行的子载波上传输的低速数据流，从而使数据符号具有较长的持续时间，这可有效减少因信道时间弥散所带来的符号间串扰（ISI），从而增强系统的抗时延扩展和频率选择性衰落。

③ 采用不同数量的子信道很容易实现上下行不对称传输的要求。

④ 容易和其他高频谱利用技术结合，如多载波码分多址（MC-CDMA）、跳频 OFDM、OFDM-TDMA 等相结合构成 OFDMA 系统，使多个用户可同时使用 OFDM 技术进行信息传输。

5.7.2   多入多出技术

多入多出技术（MIMO）是无线电通信领域智能天线技术的重大突破。其典型特征是在发射端和接收端都采用多个天线（阵列天线），在不增加带宽的情况下，能成倍地增加通信容量和提高频谱利用率。

众所周知，无线电信号在传送过程中，可能会受到多种因素的干扰和影响，可能会走不同的反射或穿越路径，因此信号到达接收端的时间不一致，影响正常接收，这就是多径效应产生的不利影响。而 MIMO 恰恰利用这一现象，将其变成有利因素。

MIMO 的工作原理是：一个高速传输的信息流 $S(k)$ 经过空时编码形成 N 个子信息流 $Cs(k)$，$s=1$，$\cdots$，N。这 N 个子信息流由 Nt 个天线同时在同一个频带的信道中发射出去，经空间信道后由 Nr 个接收天线接收。多天线接收机利用空时编码处理技术能够分开并解码这些数据流。再由数字信号处理器重新计算，根据时间差将分开的数据流重新组合成原始的信息流，然后快速输出以完成整个通信过程。图 5-13 是 MIMO 系统工作原理框图。在发射端输入的高速比特流，经处理后变成满足一定星座规则的符号流，再通过空时变换矩阵，变成 Nt 个并行子符号流，分别经 Nt 个发射天线同时发射出去。在接收端由 Nr 个接收天线接收并进行与发射端相反的处理过程，以恢复原始信息比特流。这里须指出，为保证各子信道之间相互无关，收发天线之间的距离应大于载波波长 λ 的 1/2。

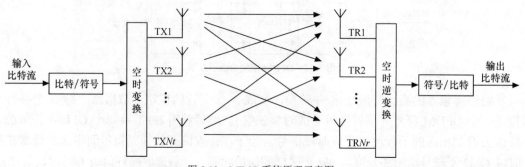

图 5-13   MIMO 系统原理示意图

综合以上情况，MIMO 具有以下突出优势：① 将信道多径衰落的不利因素变成了有利因素；② 在不占用额外频带的情况下，大大地提高了通信容量和传送速率；③ 由于传送的数据流经分割传送后，单一数据流量降低，所以通信距离可以延长。总之，MIMO 给无线传输开辟了多条传送信道，同时又实现了高速度、高效率，真正使无线通信驶入了信息高速公路的快车道。

将 OFDM 和 MIMO 联合使用，可得到一种新技术 OFDM-MIMO。它利用时空和频率 3 种分集技术，能使无线系统的抗噪、抗干扰、抗多径的容限大大地提高。

5.7.3   智能天线技术

智能天线（Smart Antenna，SA）是一个由多组独立天线组成具有波束成形能力的天线阵列系统，能形成特定的天线波束，实现定向发送与接收。该阵列的输出与收发信机的多个输入相结合，可提供一个综合的时空信号。与单个的天线相比较，天线阵列系统能够动态地调整波束的方向是其显著特征。它使每个用户都能获得最大的主瓣，并减少旁瓣的干扰，从而获得最佳的信噪比。这样可减少发射功率或者增大通信的覆盖范围。图 5-14 是若干个天线元素组成的线形智能天线的基本结构。智能天线在无线通信、移动通信中将会应用得越来越广泛。

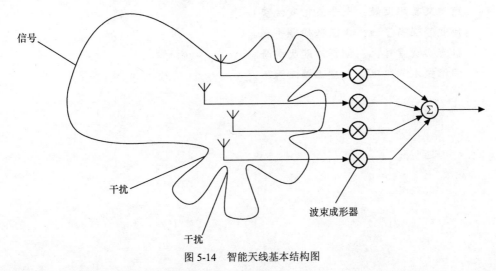

图 5-14　智能天线基本结构图

除此之外，软件无线电也有重要应用，特别是在解决多种标准、多个厂家产品之间的互连互通时有重要作用。这里不再陈述。

5.8 结 尾 诗

以上我们综合介绍了无线电通信的一些新技术，使我们对无线通信技术的新发展有了一个概括的了解。这些技术的发展和广泛应用将深刻影响人们的生活和工作。同时也大大地促使社会信息化向更深层次更广泛领域推进。将这些无线通信新技术的特点、功能与重要性概括起来，正如诗所云：

有线无线是兄弟，两者本质一个样；
一是空中来回飞，二是地下四处跑。
有线无线是朋友，相辅相成共称强；
两者牵手构成网，地球变村也无妨。
社会实现信息化，缺少哪个都不成；
宽带高速加移动，核心全光 IP 化。
适逢好景好年头，无线通信出新秀；
新秀长势快又壮，处处果实遍地黄。
低功低耗短距离，成本只是零花钱；
易设易建易维护，组网灵活好处多。

家庭网络用上她，智能灵活方便多；

办公网络有了她，快捷高效又省钱。

物流控制有了她，快捷安全不用愁；

自动控制用上她，场内场外都可行。

医疗单位有了她，设备接入常态化；

医护监测用了她，准确病历随身行。

商贸交易用上她，电子支付安全多；

物业管理有了她，方便快捷顺手来。

社会实现信息化，创新才能出惊奇；

通信技术网络化，如虎添翼走天下。

第6章 移动通信

开篇诗　移动通信乐陶陶

> 移动通信乐陶陶，人们心情好上好。
> 生活信息社会中，不知什么是烦恼。
> 要听要看随时来，天下事儿在身边。
> 和谐生活人人爱，协力共建好家园。

移动通信是当今通信领域中发展最为活跃的热点之一，更是业界关心的焦点。本章讨论移动通信概况，重点介绍我国自主创新的 TD-SCDMA 系统。

6.1　概　　述

移动通信的重要性是不言而喻的，它既有无线通信的特征又具有移动的特征，这使得其具有强大的生命力。可以说是实现个人全球通信的关键。移动通信的快速发展，表明人们对其需求旺盛，需求旺盛则市场巨大，市场巨大表明有利可图。长期厚利促使开发商、运营商更新换代，努力创新。从而推动移动通信技术的迅猛发展。

移动通信的发展大体上经过了第一代——1G、第二代——2G、当今的第三代——3G 的发展历程。第一代移动通信开辟了移动通信的新纪元，第二代移动通信开辟了广泛应用的新局面，第三代移动通信将实现宽带化、个人化、智能化、多媒体化，从而开辟移动通信的新时代。

第三代移动通信系统由 ITU 正式命名为 IMT-2000（International Mobile Telecommunication-2000），意指 3G 工作在 2 000MHz 频带，并在 2000 年商用。第三代移动通信系统也称为"未来公共陆地移动通信系统（FPLMTS）"。IMT-2000 是一个全球无缝覆盖、全球漫游的包括卫星移动通信、陆地移动通信和无绳电话等蜂窝移动通信在内的大系统。能向公众提供高速数据、慢速图像以及电视等业务。速率高达 2Mbit/s，是一种真正的"宽频多媒体全球数字移动电话技术"，并与 GSM 系统兼容。

3G 系统主要有三大国际标准体系：日本与欧洲采用的是 WCDMA；北美与韩国采用的是 CDMA2000；TD-SCDMA 标准是我国提出的国际移动通信标准。TD-SCDMA 标准的提出和实施在我国移动通信发展史上经过有划时代的意义，是具有自主知识产权的 3G 移动通信系统。该系统是唯一采用同步 CDMA（即 SCDMA）和低码片速率（LCR）的系统。同时还采用了 TDD 模式和智能天线、多用户检测、软件无线电、动态信道分配等新技术，是一个具有优良性能的 3G 系统标准。

3G 系统提供的应用领域主要有：①因特网，非对称和非实时性的业务；②对称的和实时性的可视电话业务；③移动办公业务，包括提供 E-mail、WWW 接入、Fax 以及文件传递等。3G 系统能提供不同的速率，依终端的移动速度不同，可提供 144kbit/s～2Mbit/s 的业务速率，能满足多种业务需求，并兼容 2G 已有的业务，因而深受人们的欢迎。

IMT-2000 业务速率及传输特性为：终端速率为 250km/h 时，业务速率至少为 144kbit/s，最好为 384kbit/s；终端速率为 150km/h 时，业务速率至少为 384kbit/s，最好为 512kbit/s；终端速率为 10km/h，业务速率至少为 2Mbit/s。实时固定时延，在误码率（BER）为 10^{-3}～10^{-7} 时，时延为 20～300ms；非实时可变时延，在 BER 为 10^{-5}～10^{-8} 时，时延在 150ms 以上。3G 系统可运行于各种无线环境中，支持从静止到高速（包括航空、卫星）移动的环境，也支持不同大小的蜂窝，从 35km 大区到 50m 的微微区。其网络与现有的网络相互兼容，并有电信级的 QoS。

3G 频谱安排为：1992 年 ITU 为 3G 业务安排了 230MHz 带宽，当时主要考虑的是语音业务。随着社会需求的快速变化，这是远远不够的，视频业务、多媒体、因特网接入等新业务必须考虑在内，因而还需期待增加带宽才行。

中国对 2 000MHz 频带安排出 260MHz 带宽供移动通信业务使用，具体分配如下。

① 1 710～1 755MHz/1 805～1 850MHz 和 1 865～1 880MHz/1 945～1 960MHz，共计带宽 120MHz，用于蜂窝移动通信业务，与微波接力通信业务和射电天文等业务共用，但不能影响天文业务。

② 1 880～1 900MHz/1 960～1 980MHz，带宽 40MHz，原计划用于无线接入（FDD 方式），现只准 SCDMA 系统使用 1 880～1 885MHz 频带。

③ 1 900～1 920MHz，带宽 20MHz，用于办公区域专网和家庭无绳电话等的接入。

④ 2 400～2 483.5MHz，带宽 83.5MHz，主要用于短距离短信息数据通信和计算机数据通信。可与 ISM 频带共用。

⑤ 2 535～2 599MHz，带宽 64MHz，用于临时性多路微波有线电视系统。

当前我国 2G 陆地移动通信使用的频率是：798～960MHz 和 1 710～2 200MHz。在 798～960MHz 频带上，公众移动通信主要工作在 900MHz 的 GSM（即 GSM900）和工作在 800MHz 的 CDMA 系统。目前国家规划给 900MHz 的 GSM 885～915MHz/930～960MHz 的共计 2×30MHz 带宽，其中前者频带为上行，后者为下行。划给 800MHz 的 CDMA 系统的频带是：825～835MHz/870～880MHz，带宽为 2×10MHz，其中前者频带为上行，后者为下行。

在 1 710～2 200MHz 频带使用的公众通信系统目前主要是 DCS1800 和 PHS。而我国 3G 公众移动通信系统的工作频带为：

① 主要工作频带分 FDD——1 920～1 980MHz/2 110～2 170MHz 和 TDD——1 880～1 920MHz/2 010～2 025MHz；

② 补充工作频带也分为 FDD——1 755～1 785MHz/1 850～1 880MHz 与 TDD——2 300～2 400MHz，这与无线电定位业务共用；

③ 移动卫星通信系统的工作频带为 1 980～2 010MHz/2 170～2 200MHz。

目前已规划给公众移动通信系统的 825～835MHz/870～880MHz、885～915MHz/930～960MHz 和 1 710～1 755MHz/1 805～1 850MHz 频带，也规划给 3G 公众移动通信系统 FDD 方式的扩展频带。上下行频率使用方式不变。

6.2　3G 移动通信系统

3G 系统是在 1G、2G 系统的基础上演进而来，因而具有后向兼容，当然也带来了多样性和复杂性。其空中接口包括地面系统和卫星系统，这里只介绍地面系统的空中接口标准。

ITU 已就 IMT-2000 地面部分的统一标准达成共识，继续延用码分多址（CDMA）为主并辅以时分多址（TDMA）或者两者相结合的方式。其中的码分多址有 3 种工作方式：频分双工—直扩（FDD-DS）、频分双工-多载波（FDD-MC）以及 TDD。它们都能满足性能要求。

现分别介绍三种国际标准的基本情况。

6.2.1　WCDMA

WCDMA 是由欧洲、日本几家公司提出的方案经融合并统一而成。它支持宽带业务，有效支持电路交换业务，如 PSTN、ISDN 以及分组交换业务，如 IP 网。灵活的无线协议可在一个载波内对同一个用户同时支持语音、数据和多媒体业务。

WCDMA 载波带宽为 5MHz，码片速率为 3.84Mchip/s。采用直接序列码分多址（DS-CDMA）方式，不使用 GPS 精确定时，基站之间可以选择同步或非同步两种方式。上行信道采用导频符号相干 RAKE（多径分集接收和发射分集）接收方式，以解决 CDMA 上行信道容量受限问题。它采用基于 SIR 的快速闭环、开环和外环三种方式的精确功率控制技术，可有效抵抗衰减，这是 WCDMA 的一个重要特点，即功率对用户是共享资源。信号下行时，用户共享总功率；信号上行时，基站有一个最大干扰容限，这个功率在小区中产生干扰的移动台之间分配。在数据速率变化时，只需调整功率分配就可保证传输质量不受影响。功率共享使其能够灵活地处理各种速率的业务，这是它的一大特色。此外，它还采用自适应天线、多用户检测、分集接收、软切换技术以及分层式小区结构等先进技术，使其整体性能大为提高。

该技术的商业应用已相当广泛，包括我国在内已有 100 多个国家和地区在使用。图 6-1 是 WCDMA 系统组成框图。它由三部分构成，即移动台（MS）；基站系统，包括收发信机及其与无线网络控制器的接口（RNC，即基站控制器——BSC），控制器是核心，它要完成信道复接、编译码、QoS 控制、路由选择以及外交织等功能；移动交换中心（MSC）部分，它要能支持高速电路交换及分组数据业务等。为兼顾现有的大规模 GSM 系统，WCDMA 系统拟采用演进方式研制核心网络。依托现有 MSC 核心网络支持语音业务和数据业务，对于分组业务需建立另外的核心网络来解决。

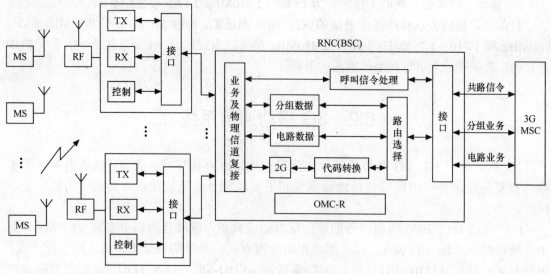

图 6-1　WCDMA 系统组成框图

6.2.2　CDMA2000

CDMA2000 方案由北美几家公司提出，它采用多载波 CDMA（MC-CDMA）方式，支持语音、分组、数据各种业务，并可实现 QoS 协商。该标准于 2000 年 3 月正式通过。它采用分阶段实施办法，第一阶段为 CDMA 2000 1X，独立使用一个 1.25MHz 载波；第二阶段为 CDMA 2000 3X，将 3 个 1.25MHz 载波捆绑使用；第三阶段为 CDMA 2000 6X 等依次类推表示载波数量。对于射频带宽为 N 倍的 1.25MHz 的系统采用多载波捆绑来利用整个频带，图 6-2 是 N=3 的情况。它的功率控制有开环、闭环和外环三种。速率为 800 次/s 或 50 次/s。它还可采用辅助导频、正交分集、多载波分集等技术以提高整体性能。

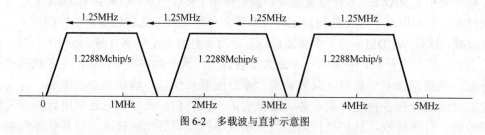

图 6-2　多载波与直扩示意图

多载波方案中，由于载波间可以重叠，所以频率利用率高。其基本带宽 1.25MHz，码片速率为 1.228 8Mchip/s。下行链路中 I 信道和 Q 信道分别采用一个长为 3×2^{15} 的 M 序列来扩频。不同的小区采用同一个 M 序列不同的相位偏移。搜索小区时只需搜索这两个码及其不同的相位偏移码。在上行链路中，扩频码采用的是长为 2^{41} 的 M 序列，以不同的相位来区分不同的用户。信道是用相互正交的、可变扩频参数的 Walsh 序列来区分。下行链路在不使用自适应天线时，采用公共导频信道作相干检测参考信号。使用自适应天线时，采用辅助导频信道作为参考信号。辅助导频信道是用户通过码分复用合用一个信道。上行链路的导频信号和功控以及丢失指示比特为时分复用。

　　系统对多速率业务提供两类业务信道：基于码分复用的基本信道和辅助信道。前者支持数据速率为 9.6kbit/s、14.4kbit/s 及其子集的速率，可传输语音、信令及低速数据；后者则提供高速数据。在下行链路中，不同 QoS 要求的业务都是用码分复用方式在辅助信道中传输。CDMA2000 网络结构如图 6-3 所示。

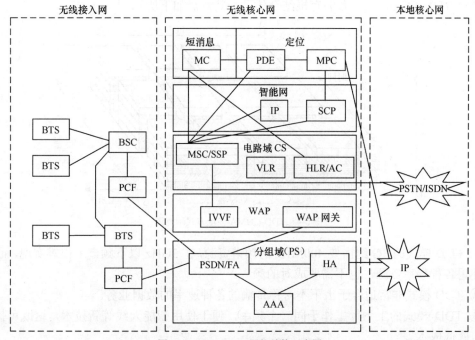

图 6-3　CDMA2000 网络结构示意图

　　CDMA2000 网络由三部分构成。

　　① 无线接入网。由基站收发信台（BTS）、基站控制器（BSC）和分组控制功能（PCF）所组成。主要功能是完成无线信号的收发、信道复接、编译码、QoS 控制、路由选择、资源管理等。

　　② 无线核心网。它由电路域和分组域两部分组成，是移动通信的核心部分。电路域要完成交换（MSC）、归属位置寄存（HLR）与访问位置寄存（VLR），以及鉴权（AC）等功能；分组域要完成分组数据（PDSN）、外部代理（FA）、认证/授权/计算（AAA）及本地归属代理（HA）等功能。此外，无线核心网还包括智能网管（MSC/SSP、IP、SCP）、应用协议（WAP）以及短消息（MC）等功能。

　　③ 本地核心网。它由电路域的 PSTN/ISDN 网和分组域的 IP 网组成。

　　该技术的商业应用也相当广泛，不过大部分都是使用的 CDMA2000 1X 技术。但是，随着通信技术的不断发展和完善，该技术已发展到第五个版本，其通信质量已有很大提升。

6.2.3　TDD-CDMA 及 TD-SCDMA 的优越性

　　3G 系统按照工作方式可分为频分双工（Frequency Division Duplex，FDD）和时分双工（Time Division Duplex，TDD）。两者孰优孰劣，目前仍有争论。前面介绍的 WCDMA 和

CDMA2000 都属 FDD-CDMA。而关于 TDD-CDMA 的标准有两个：通用地面无线接入—时分双工（Universal Terrestrial Radio Access-Time Division Duplex，UTRA -TDD）和时分—同步码分多址（Time Division-Synchronous Code Division Multiple Access，TD-SCDMA）。图 6-4 是 TDD-CDMA 多址方式示意图。由该图可以看出，其多址方式是很灵活的，因为可将其看做是 FDMA/TDMA/CDMA 三者的有机结合体系，其特点如下所示。

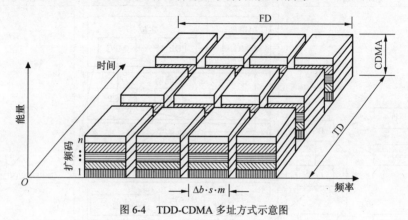

图 6-4　TDD-CDMA 多址方式示意图

① FDD 模式的 3G 约需要 400MHz 的频谱资源，在 3GHz 以下频谱上很难实现，而 TDD 则能使用各种频率资源，也不需要成对的频率。

② TDD 模式非常适合于上下不对称传输的各种速率的数据业务。

③ TDD 模式的上下行工作于同一个频率，便于使用智能天线等新技术，这既可提升性能又可降低成本。

④ TDD 系统成本低，频谱分配方便。

TDD 模式虽有以上优点，但也有不足之处，主要是抗快衰落、抗多普勒效应能力差，不如连续传输的 FDD 方式。此外，随时隙数增加功率需要增加。总之，终端移动速率和覆盖范围受限。尽管如此，TDD 方式还是被广泛地接受，并对 FDD 方式发起强有力的挑战。

TDD 方式的两种标准的性能参数比较如表 6-1 所示。

表 6-1　　　　　　　　　　　　　两种 TDD 标准的性能比较

空中接口标准	UTRA-TDD	TD-SCDMA
占用带宽（MHz）	5	1.6
每载波码片率（Mchip/s）	3.84	1.28
扩频方式	DS、SF=1/2/4/8/16	DS、SF=1/2/4/8/16
调制方式	QPSK	QPSK/8PSK
交织（ms）	10/20/40/80	10/20/40/80
子帧（ms）	无	5ms
时隙数	15	7
上行同步精度	时间提前技术（4chip）	时间提前技术+上行闭环同步（1/8chip）

由于 TD-SCDMA 技术的设计是完全按照 IMT-2000 的要求进行的，本身就是一个完整的

蜂窝网络，而 UTRA-TDD 则是为 WCDMA 设计的 TDD 补充方式，是为解决热点（如机场、车站等）通信的需要，所以 TD-SCDMA 有更大的优越性。可以说它是 CDMA 技术与现代高科技相结合的全新技术，它引入了 SWAP 同步无线接入信令和采用接力切换技术，并结合了智能天线、同步 CDMA、软件无线电以及全质量语音压缩编码技术等，使 CDMA 技术有了质的飞跃。概括起来，TD-SCDMA 除了具有上述 TDD 一般特性外还有以下高性能。

① 带宽小、频谱安排灵活。其最小带宽为 1.6MHz，若带宽为 5MHz，就可支持 3 个载波。

② 支持蜂窝能力强。可在一个地区组成蜂窝网，并通过动态信道分配提供不对称数据业务。

③ 频谱利用率高。在相同频谱宽度内，能支持更多用户。

④ 能支持三种移动环境，而 UTRA-TDD 则不能。

⑤ 整个系统的设备成本相对较低。

6.2.4 三个 3G 标准系统的比较

由于 UTRA-TDD 可以和 TD-SCDMA 相互融合，所以只对移动通信的 WCDMA、CDMA2000 及 TD-SCDMA 三大标准进行比较。表 6-2 是其技术性能的全面比较。

表 6-2　　　　　　　　　WCDMA、CDMA2000、TD-SCDMA 性能比较

	WCDMA	CDMA2000	TD-SCDMA
信道带宽（MHz）	5/10/20	1.25/5/10/20	1.28
Chip 速率	$N\times3.84$Mchip/s（N=1, 2, 4）	$N\times1.228$ 8Mchip/s（N=1, 3, 6, 9, 12）	1.28Mchip/s
多址方式	DS-CDMA	DS-CDMA 和 MC-CDMA	TD-SCDMA
双工方式	FDD/TDD	FDD	TDD
帧长（ms）	10	20	10
多速率概念	可变扩频因子和多码 RI 检测；高速率业务盲检测；低速率业务	可变扩频因子和多码盲检测；低速率业务；或事先预定好，需高层信令参与	可变扩频因子多时隙，多码 RI 检测
FEC 编码	卷积编码 R=1/2, 1/3, K=9, RS 码（数据）	卷积编码 R=1/2, 1/3, 3/4, K=9；Turbo 码	卷积编码 R=1/4～1, K=9, RS 码（数据）
交织	卷积码：帧内交织；RS 码：帧间交织	块交织（20ms）	卷积码：帧内交织；RS 码：帧间交织
扩频	前向：Walsh（信道化）+Gold 序列 2^{18}（区分小区） 反向：Walsh（信道化）+Gold 序列 2^{41}（区分用户）	前向：Walsh（信道化）+M 序列 2^{15}（区分小区） 反向：Walsh（信道化）+M 序列 $2^{41}-1$（区分用户）	前向：Walsh（信道化）+PN 序列（区分小区） 反向：Walsh（信道化）+PN 序列（区分用户）
相干解调	前向：专用导频信道 反向：专用导频信道	前向：公用导频信道 反向：专用导频信道	前向：专用导频信道 反向：专用导频信道
功率控制	FDD：开环+快速闭环 TDD：开环+慢速闭环	开环+快速闭环（800Hz）	开环+快速闭环（200Hz）
其站间同步	异步、同步（可选）	同步（GPS）	同步（GPS 或其他方式）

在同步方面：WCDMA 不需要小区同步，可以异步方式；CDMA2000 要求 GPS 的精确定时，小区之间要保持同步，对系统定时要求苛刻；TD-SCDMA 也需要 GPS 或其他方式精确定时。

在功率控制方面：WCDMA 采用"开环+自适应闭环功率控制"；CDMA2000 采用"开环+闭环功率控制"方式，提高了功率控制速度，可以抵消一般的快衰落；TD-SCDMA 则采用联合检测方式，系统的上下传送都采用了"开环+闭环功率控制技术"，具有较强的抗快衰落能力。

在兼容方面：WCDMA 和 TD-SCDMA 都具有与 GSM 相同的时隙长度，因而便于与 GSM 兼容；CDMA2000 的网络结构和软件都是从 IS-95 发展而来，因而具有后向兼容。

关于 3G 技术标准化问题，除了 ITU 统领全局外，还有两个区域性标准化论坛，一个是为 WCDMA 和 TD-SCDMA 服务的 3GPP 标准化论坛，另一个是为 CDMA2000 服务的 3GPP2 论坛。这两个论坛为 3G 技术的标准化和性能完善方面起到了积极的推动作用。尽管实现全球设备的兼容性是一件非常困难的事情，但是没有一个供各国各个厂家交流、讨论、统一看法的说理平台也是不行的。

6.3　TD-SCDMA 系统

TD-SCDMA 是我国提出的一种标准，于 1999 年 11 月 5 日被列入 ITU-RM.1457 建议中，从此成为 ITU 认可的 3G 主流标准之一。它具有 TDD-CDMA 的一切特征，完全符合 IMT-2000 的要求。它采用直接序列扩频码分多址（DS-CDMA）方案接入，扩频带宽为 1.6MHz，采用不需配对频率的 TDD 工作方式。因为在 TD-SCDMA 中，除了采用 DS-CDMA 外，它还具有 TDMA 特征，因而常将 TD-SCDMA 的接入方式表示为 TDMA/CDMA。

为支持 TD-SCDMA 技术在我国的快速发展，2002 年 10 月 25 日出台了《中国第三代移动通信频谱规划方案》，为 TD-SCDMA 标准分配了共计 155MHz 的带宽，具体安排是：1 880～1 920MHz、2 010～2 025MHz 及补充频带 2 300～2 400MHz，共计 155MHz 的非对称频带。

TD-SCDMA 采用了许多先进的关键技术，具体有以下 5 个方面。

1. 智能天线技术

在第 5 章中我们已介绍过智能天线技术，智能天线在未来的无线通信及移动通信中将发挥重要作用。它由多组独立天线组成阵列天线系统，采用数字方法实现波束成形，并能提供一个综合时空信号。其工作原理是：智能天线通过各阵元信号的幅度和相位加权来改变阵列的方向图形状，并把主波束对准入射信号，同时自适应的实时跟踪信号，与此同时将零点对准干扰信号并抑制干扰信号，这样就提高了信噪比和整个通信系统的质量。另外，智能天线还引入了第四维多址方式，即空分多址。在相同时隙、相同频率或相同地址码情况下，仍可根据信号不同的空间传播路径来区分用户。在多个指向不同用户的并行天线波束控制下，可以显著降低用户信号相互的干扰，大大地提高系统频谱利用效率。图 6-5 是 TD-SCDMA 系统示意图。

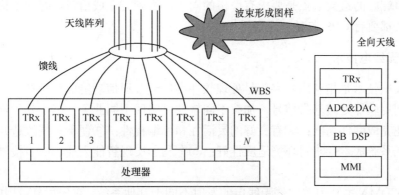

图 6-5 TD-SCDMA 系统示意图

由图 6-5 可以看出，智能天线由 8 个天线单元的同心阵列组成，其直径约 25cm。为达到自适应跟踪移动台的目的，将一组天线和对应的收发信机按照一定的方式进行排列并激励，利用波的干涉原理可以产生具有强方向性的辐射图样，经数字处理使其辐射图样的主瓣自适应地对准移动台，从而达到提高信噪比和降低发射功率的目的。在 TD-SCDMA 系统中，就是通过智能天线的方向性和跟踪性能获得良好的性能的。

2. 联合检测技术

联合检测（Joint Detection，JD）技术已纳入 3G 关键技术体系，但在 TD-SCDMA 技术中是第一次使用。该技术在多用户检测技术基础上发展而来，是减弱或消除多址干扰、多径干扰和远近效应的有效方法。它能简化功率控制、降低功控精度、弥补正交扩频码互相关性不理想所带来的消极影响。从而提高系统性能和容量，增大小区覆盖范围。

联合检测技术限于技术因素和成本，目前仅在基站中采用。随着技术进步和成本的进一步降低，终端最终也会采用，以便消除多址干扰和符号间干扰。该技术的高效率主要由于 TD-SCDMA 是一个时域和帧控的 TDMA 方案。用户被分配在每个时隙中，使得每时隙中并行的用户数量很少，这样通过较低的计算量和较低的信号处理要求就可有效地检测出目标信号。总之，联合检测的高效率是得益于 TDMA 方式和每用户多址干扰最小化。检测使得频谱利用率得到提高，并使基站和用户设备中的功控更加简化。

3. 同步 CDMA 技术

同步 CDMA 是指上行链路各终端信号与基站解调器完全同步，它通过软件和物理层设计来实现。上行同步是根据一定的算法由基站向终端发送同步移位（Synchronization Shift，SS）命令来实现的。因为同步位移的最小修正步长为 1/8chip，所以系统最终可以达到 1/8chip 精度的上行同步。精确的上行同步带来了许多优势。第一，移动终端的数据到达基站保持同步是使用联合信道冲击响应的基础，所以上行同步的实现可以有效地定位信道冲击响应。第二，上下行链路都采用正交码扩频，只有上行同步精确才能保证接收到的扩频码保持正交，从而有效地减少干扰和提高系统容量，并降低基站接收机的复杂性。第三，为保持上行信号能够同步，移动台动态调整发往基站的发射时间，从而可进行距离估算，更有效地进行波束构形和切换。

同步 CDMA 的最大缺点是要求有严格的同步，否则会造成信道阻塞和干扰。为保证同步，每个基站都要有 GPS 定时，这会增加成本。

4. 软件无线电技术

软件无线电技术是指利用数字信号处理软件实现无线通信功能的一种技术，它能在同一硬件平台上利用软件处理基带信号，加载不同软件可实现不同业务性能。其优点有：①通过软件能灵活地完成硬件功能；②有良好的灵活性和可编程性；③便于系统改造升级；④能简化硬件，降低系统成本；⑤对环境适应性好；⑥有利于实现智能天线、同步检测和载波恢复等新技术。

在 TD-SCDMA 系统中的软件无线电的发射不同于其他系统，它先划分可用的传输信道，探测传播路径，进行合适的信道调制，控制波束发向正确方向，选择合适的功率再发射，这是一种相当完美的先进技术。对于接收也同样如此，它首先区分主信道和邻近信道的能量分布，识别输入信号的模式，自适应抵消干扰，估计所需信号多径动态特征，对多径信号进行相干合并和自适应均衡，对信道解调进行栅格译码，然后通过 FEC 译码纠正剩余错误，尽可能降低误比特率。

另外，软件无线电技术还能通过多种软件工具实现增值业务以及在联合组网中发挥重要作用。可利用软件设计出多频/多模可编程手机（能兼容 GSM、DCS1800、WCDMA 等），这种手机能自动检测接收信号，接入不同的网络，而且能满足不同接续时间的要求。

总之，软件无线电技术在移动通信、无线通信以及无线电设备中有广泛的应用，它在降低成本、提高灵活性、增加功能、方便使用等诸多方面有意想不到的好处，是新技术开发的热点之一。

5. 动态信道分配技术

TD-SCDMA 系统带宽为 1.6MHz，能支持 3 个载波，可以实现频率复用，而智能天线技术又可实现空分复用（SDMA），因此在 TD-SCDMA 系统中可采用 CDMA/TDMA/FDMA/SDMA 的混合多址方式。信道的动态分配和控制，对实现多维无线信道方面将是非常重要的。

在 TD-SCDMA 系统中的 TDD 模式，对于绝大多数为不对称的数据业务来说，在时域资源的动态管理中将发挥优势。它通过上下行链路切换点灵活的调整，可实现时域资源的动态管理。此外，智能天线技术工作在 TDD 模式方面更为有效。因为，在 TDD 方式中上下行链路间隔时间短，使用相同频率上下传输时，无线传播环境差异小，接收时天线阵元加权可直接用于发射，使得用户发射信号集中在基站的接收波束之内，可大大提高信号利用率。鉴于上述情况，该系统的无线资源管理将是通过码/时/频/空四维资源的适配算法和策略，实现无线信道资源的动态分配和管理。具体讲有以下三种形式。

① 时域动态信道分配。若在目前使用的无线载波原有时隙中发生干扰，则通过改变时隙进行时域的动态信道分配。

② 频域动态信道分配。若目前使用的无线载波所有时隙中发生干扰，通过改变载波（切换到另一载波）进行频域动态信道分配。

③ 空域动态信道分配。通过选择用户间最有利的方向进行耦合，执行空域动态信道分

配。它是通过智能天线的定向性来实现的，它的产生与时域和频域动态信道分配有关。

总之，通过联合进行时域、频域和空域的动态信道分配技术，能使系统的自身干扰最小化，从而实现最佳频谱效率和业务质量。

6.4　TD-SCDMA 系统的进一步发展

上面我们介绍了 TD-SCDMA 系统的基本原理、架构以及关键技术。然而，目前的 TD-SCDMA 系统正处于快速发展时期，需要不断的完善、提高和进一步发展。下面介绍有关的重要新技术。

6.4.1　HSDPA

为增加下行非实时分组业务的吞吐量，提高无线接入侧的频谱效率，以满足更高的传输速率或流媒体业务的需求。2004 年，3GPP 组织在 WCDMA 的 R5 版本中提出了 HSDPA 技术的新概念。它通过引入一条新的高速下行共享信道（HS-DSCH）增强空中接口，同时采用了一些更高效的自适应链路层技术共享信道，使得传输功率、PN 码等资源可以统一利用，根据用户实际情况动态分配，从而提高了资源利用率。自适应链路层技术根据当前信道的状况对传输参数进行调整，如快速链路调整技术、结合软合并的快速混合重传技术、集中调度技术等，从而尽可能地提高系统的吞吐率。同时在通用地面无线接入网（UTRAN）中增加相应的功能实体一同来实现高速数据传输，如在基站侧增加了 MAC-hs 模块用于快速调度，从而可以快速自适应地反映用户信道的变化，获得较高的用户峰值速率和小区数据吞吐率。HSDPA 是打造移动宽带高速的引擎，是加强版的 3G 技术，理论上下行峰值速率可达 7.2Mbit/s，平均下行速率在 800kbit/s～3Mbit/s 之间。截至 2007 年底，全球范围内 89 个国家中，HSDPA 网络数量达到 204 个，其关键技术介绍如下。

1.　自适应调制编码（AMC）技术

无线信道的一个重要特性是其具有很强的时变性。信道状况受环境影响明显，单就瑞利衰减变化就可达十几到几十 dB。对这种时变性跟踪并使其自适应有重要意义。链路自适应方法很多，如功率控制、AMC 等。TD-SCDMA 的 HSDPA 系统中多采用 AMC。其原理是根据信道变化的情况来改变调制方式、码率等，自适应跟踪系统，而不是调整发射功率的方法来降低干扰水平。AMC 技术主要可以提高处于有利位置用户的速率，从而提高小区的平均吞吐量。由于缩短子帧长度（2ms）可有效地提高 AMC 的调制速率，从而能适应无线信道的快速变化。

通常，语音通信系统多采用功率控制技术以抵消信道衰减，获得相对稳定的速率，而数据业务相对可以容忍延时，容忍速率的短时变化。因此，HSDPA 不是试图去对信道状态进行改进，而是根据信道状况采用相应的速率。由于 HS-DSCH 每隔 2ms 就更新一次信道状况信息，因此，链路层调整单元可以快速跟踪信道变化情况，并通过采用不同的编码调制方案来实现速率的调整。

当信道条件较好时，HS-DSCH 采用更高效的调制方法——16QAM，以获得更高的频带利用率。理论上讲，xQAM 方法虽能提高信道利用率，但由于调制信号间的差异性变小，因此需要更高的码片功率，以提高调制能力。因此，xQAM 调制方法通常用于带宽受限的场合，而非功率受限的场合。在 HSDPA 中，靠近基站的用户接收信号较强，得到这种方法带来的好处也十分显著。

2. 结合软合并的混合重传技术

ARQ 即自动请求重发，结合软合并的混合重传（H-ARQ）是将前向纠错编码（FEC）和自动重传请求（ARQ）相结合的技术。

终端通过 H-ARQ 机制快速请求基站重传错误的数据块，以减轻链路层快速调整导致的数据错误带来的影响。终端在收到数据块后 5ms 内向基站报告数据正确解码或出现错误。终端在收到基站重传后，在进行解码时，结合前次传输的数据块以及重传的数据块，充分利用它们携带的相关信息，以提高译码概率。基站在收到终端的重传请求时，根据错误情况以及终端的存储空间，控制重传相同的编码数据或不同的编码数据（进一步增加信息冗余度），以帮助提高终端纠错能力。

H-ARQ 能够自动地适应信道条件的变化并对测量误差和时延不敏感，当它与 AMC 相结合时会得到最佳效果：AMC 能提供粗略的数据选择，而 H-ARQ 可根据数据信道条件对数据速率进行较精确的调整。

3. 集中调度技术

集中调度技术是决定 HSDPA 性能的关键因素。CDMA2000 1X EV-DO 以及 HSDPA 追求的是系统级的最优，如最大扇区通过率，集中调度机制使得系统可以根据所有用户的情况决定哪个用户可以使用信道，以及以何种速率使用信道。集中调度技术使得信道总是为与信道状况相匹配的用户所使用，从而最大限度地提高信道利用率。

信道状况的变化有慢衰落与快衰落两类。慢衰落主要受终端与基站间距离影响，而快衰落则主要受多径效应的影响。数据速率对应于信道的这两种变化也存在短时抖动与长时变化。数据业务对于短时抖动相对可以容忍，但对于长时抖动要求则较严。好的调度算法既要充分利用短时抖动特性，也要保证不同用户的长时公平性。即既要使最能充分利用信道的用户使用信道以提高系统的吞吐率，也要使信道条件相对不好的用户在一定时间内能够使用信道，保证业务连续性。

常用的调度算法包括比例公平算法、乒乓算法、最大 CIR 算法、分组调度算法等。比例公平算法既利用短时抖动特性也保证一定程度的长时公平性；乒乓算法不考虑信道变化情况；最大 CIR 算法使得信道条件较好的少数用户可以得到较高的吞吐率，多数用户则有可能得不到系统服务；分组调度算法是将时分、码分、空分三者相结合的混合方式，利用智能天线对更多的分组用户进行服务。

总之，HSDPA 技术对系统的影响包括业务与系统吞吐率两个层面。快速链路层调整技术最大限度地利用了信道条件，并使得基站以接近最大功率发射信号；集中调度技术使得系统获得系统级的多用户分集好处；高阶调制技术则提高了频谱利用率以及数据速率。这些技术的综合使用使得系统的吞吐率获得显著提高。同时，用户速率的提高以及 H-ARQ 技术的使用使得 TCP/UDP 性能得到改善，从而提高了业务性能。

除了高速下行分组接入技术外，对高速上行分组接入（HSUPA）技术的研究也正在积极开展，并将其逐渐商业化。

6.4.2　向 B3G、4G 演进

随着全球信息化步伐的快速发展，以及多媒体娱乐和网络游戏的普遍兴起，2Mbit/s 的 WCDMA 传输速率和 14.4Mbit/s 的 HSDPA 的峰值速率远不能满足未来宽带通信的需要。从 LTE 制定的目标可以看出，100Mbit/s 的传输速率已远不是 3G 所能比的。为此业界正积极地将 3G 技术向更高层次的移动通信推进，从 3G 向增强型 3G（即 E3G/B3G）或 4G 方向发展，这是时代的需要。移动网络的发展经过 GSM、WCDMA、HSPA 这些阶段，虽然发展速度很快，但是也是逐步渐进的。移动通信经历了漫长的电路域交换时代，进入 IP 化后正经历 3G、HSPA、HSPA+的不断提速，并向 LTE 这一真正高速阶段迈进。从 HSPA 到 HSPA+，意味着准高速的到来。HSPA+是以 CDMA 技术为基础的移动通信发展的最高境界，之后将进入 OFDM 奠定的超高带宽 LTE 时代。然而 LTE 不能后向兼容，由于投资巨大，必须寻找折中方案，HSPA+就是其最佳的候选方案。"+"意味着调制技术的升级，即下行调制将从 16QAM 提高到 64QAM，上行从 8PSK 升到 16QAM；"+"还意味着天线的改进，在 HSPA 的基础上引入 MIMO，提高信道容量及可靠性。经过一系列改进（接入网架构优化、物理层调整等），使系统峰值速率从下行 14.4Mbit/s 提升在到 25Mbit/s，甚至更高，达 42Mbit/s，这与 LTE 初期指标接近，处在同一数量级。HSPA+是一个必经之路，是向 LTE 平滑演进的桥梁。在最近几年里，HSPA+将呈现出发展高潮。

在此，还应特别强调指出的是，TD-LTE 作为 TD-SCDMA 长期演进技术，具有鲜明的技术特点和其自身的优势。一方面继承了我国自主创新的成果，使其技术优势得到进一步的扩展和增强；另一方面与 MIMO、OFDM 等主流技术有机结合的同时也加以发展，以 OFDM 替代 CDMA，在智能天线基础上进一步引入 MIMO，使其形成 SA+MIMO 的先进多天线技术。这样，TD-LTE 就能完全满足电信运营商的竞争需求：集高质量话音和宽带数据业务于一身，支持全移动，能实现综合多业务，网络可控可管理，低成本，低时延，以及后向兼容等。在 2008 年的通信展上，大唐移动率先进行了 TD-LTE 业务演示，无线数据传输下行速率达 100Mbit/s，上行速率可达 50Mbit/s。华为公司已完成 TD-LTE 外场首阶段测试，对吞吐量、时延、移动性、覆盖、多用户调度、用户体验等进行了测试，结果表明，全面达到或超过了测试规范的要求。由此可见，TD-LTE 的前景会更加辉煌。特别是在上海世博会上，中国首个具有自主知识产权的 TD-LTE 演示网的投入试运行，使人们欢欣鼓舞，信心百倍。

为了加速移动通信的发展，我国早就启动了面向后三代/四代（B3G/4G）移动通信发展的重大 863 研究计划，即未来通用无线环境技术研究计划。而且，在新一代 4G 移动通信技术方面也取得了重大突破，完成了外验系统构建测试。实验系统由 3 个无线覆盖小区、6 个无线接入点组成。峰值速率为 100Mbit/s，硬件平台支持 Gbit/s 量级的速率，并且具有高频谱利用率和低发射功率等突出特点。

移动网络向 4G 发展已是既定目标和发展方向。而且 ITU-T 早有相关的动议，曾出现了

Beyond IMT-2000 的提法。我国在拥有自主知识产权的国际 3G 标准 TD-SCDMA 之后，成功地实现了 TD-LTE 上海世博会的试商用。更加令人鼓舞的是在 2010 年 10 月，我国提交的 TD-LTE-Advanced——4G 标准候选方案，在重庆举行的国际电信联盟无线通信部（ITU-R）会议上正式被确定为 4G 国际标准。这不仅大大地增强了中国人的自信力，而且也将会极大地促进中国 4G 移动技术的发展，使我国的移动通信技术迈入一个崭新的阶段。

根据 4G 标准的总体要求可知，与 3G 相比 4G 应该具有以下的优异性能：

① 能支持更多种业务；

② 具有更高的速率；

③ 具有良好的 QoS；

④ 具有更高的安全性与适应性；

⑤ 更高的智能性和灵活性；

⑥ 在技术上融合各种先进技术于一身。

总之，移动通信技术的发展方向必然是：从 3G 向 B3G 演进，并沿着 TD-LTE 技术路线奔向 4G。

6.5 移动通信是社会信息化超快速发展的助推器

当前，我国移动通信发展呈现出异常火暴的场面，手机的普及性和应用的广泛性已是社会信息化进程强有力的助推器。移动通信的快速发展大大地改变了人们的工作状况和生活方式。真正意义上的信息化社会将展示在人们面前。3G 时代的手机将由单一的通信工具一跃变成"个人信息服务中心"，手机已是充满魔力的万能之宝。

当前的手机已在以下诸多方面展示出神奇魔力。

① 浏览新闻知天下，一机在手游世界。移动互联网不仅带来创新的新机遇，而且也带来了新享受。人们可随时随地上网了解国内外重大新闻，有趣事件；也可通过"旅游休闲网"查阅旅行信息，以解决购票、吃、住、行、游等问题，通过手机轻松游览自然奇观。

② 家庭网络控制器。在家在外可随时随地掌控家电运行、安全监控，做到出门无忧，在家时则可尽情享受生活。

③ 出门行走好帮手。按下手机打开车门，启动发动机，若遇车道堵塞，手机会自动为你选择新的路线。

④ 手机阅读新时尚。无论是工作需要还是休闲，均可借助手机博览群书。目前已上线的各类图书读物已有几万册，包括文学、历史、科技、军事等方面，应有尽有，基本上已相当于一个中小型图书馆，是实现博古通今的好帮手。

⑤ 安全监控建立平安社会。网络远程视频监控已在平安社区、平安城市、平安交通中起到重要作用。现在的固网与移动网相融合的视频远程监控技术，已实现所谓的"监控无界限，管理零距离"。这种"神眼"，已在和谐社会、平安社会的建设中起到了关键作用。

⑥ 营建新型就医模式，监护老人健康。将手机设计成具备银联卡功能的"就医保健卡"。

实现挂号预约、交费、买药全程服务。也可将手机设计成具有记录心跳、记录运动行程并兼有"急救服务器"的功能。当老人或病人遇到紧急情况时，只需按报警键、自动紧急呼救键等就可以及时得到救助。

⑦ 多媒体通信实现面对面。两人无论身处何方，视频通信实现了零距离的见面，音容相貌犹如在眼前。

⑧ 电子商务随心所欲。

以上是手机应用的新体验，随着移动通信的快速发展和广泛应用，其功能会很快拓展到更多领域，使人们有更多的新体验、新感觉、新享受，有一天你会发现，出门可以不带钱，但是不带手机将寸步难行。

由以上内容可知，移动通信在助推社会信息化进程中的重要性不言而喻，其作用怎么评价都不过分。那么，如何建设强健的移动通信系统呢？以下意见值得参考。

1．建设覆盖广功能强健的网络是关键

信息通信网络是实现社会信息化的平台，是基石，其重要性居首位。2009 年初，我国正式发放 3G 牌照，并决定将 CDMA 网络交给中国电信运营，将 WCDMA 网络交给中国联通运营，将 TD 网络交给中国移动运营。同时期望，尽快实现各具特色、旗鼓相当、均衡发展的市场格局，现在这一期望实现了，并且比预期的要快得多。3G 网络建设如火如荼，遍及乡村山野，甚至千里之外的海疆。

在实现社会信息化的过程中，光网络是核心是基础，它能提供几乎用不完的带宽，能充分实现长距离大容量传输，是实现社会信息化的保证。而移动通信网络是实现社会信息化的助推器和助燃剂，助推信息化建设超常规发展，助燃信息化建设火焰更加旺盛，这是因为只有移动通信才能够完全实现"建设一个以人为本、具有包容性和以发展为目的的信息社会。在这个社会中，人人可以创造、获取、使用与分享信息和知识，个人、社区和国家均能充分发挥各自的潜力，促进实现可持续发展并提高生活质量。每个人，无论身处何处，均有机会参与到这个信息社会中来，任何人不得被排除在信息社会所带来的福祉之外"，是"保证人人共享信息和知识"的关键。之所以如此，就在于它具有移动性和可实现的普遍性。正是由于移动通信能完完全全地实现这一崇高目标，所以移动网络的覆盖广功能强健就是关键，就是基础。

2．发展速度决定成败

三大制式的 3G 系统社会功能是相同的，都能够实现通信的移动性和用户的普及性，在这方面并无差异。然而，其发展速度是有差异的，这种差异还可能很大，这取决于三个方面：一是网络的普遍性；二是终端的多样性；三是应用的广泛性。

网络的普遍性是不难理解的，它是移动通信实现广覆盖的保证，是基础。终端的款式多、应用范围广将起重要作用。终端种类应用的范围要尽可能的广，如手机、座机、笔记本电脑、数据卡、阅读本、网关等领域，并且要有自身的独特特点。在手机终端方面，应有高中低各种档次和功能齐全方便应用的终端，而且性价比优异。若能在固网、互联网以及移动等领域进行业务融合创新，并采取一定的灵活市场开拓方式，那将会给运营商带来巨大的收益。

3．移动互联网是发展的重点

移动互联网将带来创新的新机遇。现有的桌面互联网已起到历史性作用，它的重要性将受到移动互联网的巨大冲击。移动互联网兼有互联网和移动网两者的特性，这将带来许多创新机遇和广阔的市场。许多跨平台、跨终端的应用将广泛地渗透到人们的工作和生活当中，使社会信息化的深度与广度发生难以想象的变化。人们将迎来移动互联网井喷式发展的新时期。

4．充分利用新概念新技术实现跳跃式发展

当今时代是科技创新的爆炸时代，过去不敢想的事情，现在都已变成现实。新概念、新发明、新技术、新材料、新方法层出不穷，是科技创新呈雪崩式倍增的时代。若能充分利用最新科技成果，就能保持充满活力的发展动力，使其自强不息，否则可能被淘汰或被管道化。当今出现的所谓"云计算"、"框计算"就是这样。

云计算是信息技术行业出现的一种新概念和新技术。它把信息技术资源、数据和应用等作为服务，通过网络提供给用户。它利用大规模的数据中心或超级计算机集群，通过互联网将丰富多彩的各种资源按需租用方式提供给使用者。目前，个人计算机在硬盘上处理文档、存储资料，是通过电邮、U盘与他人共享，而云计算时代什么都不需要了，只需通过互联网，从后端的超级计算机上"云"出要找的各种资源。近来有人提出所谓的"框计算"概念，是指为用户提供基于互联网的一站式服务，用户只需在"框"中输入需求，就能得到最优的匹配结果。鉴于这种情况，电信运营商的数据中心就显得弱小，弄不好可能被淘汰或被管道化。若把这些新技术看做提升自身数据中心档次的机遇，将"云计算"、"框计算"技术融合到自身建设与管理当中，不仅会使自身的运营水准大幅度提升，而且还可以构筑真正的公共云计算平台，开展多种增值业务，经济效益得到改善的同时又扩大了社会影响力，是两全其美的事情，何乐而不为呢？

5．改变传统观念千方百计促发展

"发展是硬道理"这句话是很实在的。事业若不发展，一切都是空谈。为此应改变传统观念，促使事业又好又快的发展，其中应特别提出如下观念。

① 树立大集中观念。这是现代管理学的一个重要概念。集中人力、物力、财力办大事是决策层是否英明的一面镜子。集中人力搞项目、集中精英攻难题、集中智慧搞创新、集中财力办大事，是搞活、做强、做大的有力法宝。同时要把集中化、标准化、信息化作为集中管理的三大基石。

② 要强调内部协同、外部合作共赢的观念。内部协同可明显起到事半功倍提高效率提高效益的作用，如建设部门与市场部门、建设部门与财务部门、人力资源部门与研发生产部门，它们之间应该是很"匹配的"。在外部，特别是在同行之间，不要光强调竞争的一面，更要注意合作共赢的一面，如基础建设方面，若能实现共建共享，对谁都有利，即使在市场开拓方面，也有共同开发共赢的一面，特别是在海外市场的开拓方面。关键是要改变观念。外部合作共赢的观念更要扩大到整个社会甚至海外，如与当地政府、大型企事业单位、各类院校等合作共建、共同研发、共建产业链等。要知道在当今的时代，单枪匹马是干不成大事的，合作共赢是我们这个时代的一个重要特征。

6.6　结　尾　诗

综上所述，移动通信的基本概况及重要性如诗所云：

移动通信满天飞，移动通信地下行，
移动通信屋里转，三大环境显神通。
1G 开创新纪元，2G 应用大发展，
3G 宽带综合化，4G 个性全实现。
移动网络宽带化，工作生活真方便，
视频通话面对面，现场直播随意看。
地图导航不作难，手机支付真方便，
电子阅读随身行，音乐戏剧随时听。
随时随地可上网，指挥调度在手边，
有事有难早沟通，集思集慧工作中。
IMT-2000 是标准，三大系列是核心，
中国标准最优良，TD 系统强中强。
移动网络我最大，用户突破数亿万，
手机成了万能宝，出门办事少不了。

第7章 骨干网络及其通信技术

开篇诗 骨干网的自白

骨干网是核心网，传送距离长又长；

通信容量大大的，传输速率快快的。

骨干网是全光网，业务透明浪顺畅；

颗粒大小都不管，数据格式也不谈。

骨干网要 IP 化，智能网管不可少；

可靠性是最重要，网络生存是头条。

根据 ITU-T 的建议，通信网络分为三种：骨干网络，或称为核心网络；接入网络；城域网络。由这三种网络构成国家的整个通信网络。其中骨干网络无论在规模上还是在技术先进性方面，都是一个国家通信技术的重要标志。本章将讨论骨干网络。

7.1 概　述

骨干网络就是国家通信干线网络。按照我国的习惯叫法，把从首都北京到各个省会及大城市的通信网络称为国家一级干线网络，把从省会到各个地县市的通信网络称为二级干线网络。两者统称骨干网络。骨干网络就是广域网或长途通信网，是国家通信的大通路大动脉，是国家信息的核心网络，是信息高速公路的支柱。

骨干网络最显著的特征如下：一是传输带宽极大，通信速率极高；二是传输距离很长，甚至几千 km；三是智能化水平要求很高；四是可靠性要求很高；五是生存性很强。骨干网络目前只支持 SDH 制式，将来预计也只有 SDH 和以太网制式。由于骨干网的这些特征，要求构成骨干网络的光纤光缆应是优质的、有充足带宽的富余量，网络覆盖应遍布全国。当前被认为较为优良的光纤除 G.652.A 外，G.652.B、G.652.C 性能更好，其偏振模色散（PDM）符合要求，适合高速（10Gbit/s）及长距离大容量传输；此外，非零色散位移单模光纤（G.655）也深受欢迎，由于生产厂家不同叫法也不同，如大有效面积单模光纤、低色散斜率单模光纤等。为了增加 DWDM 系统中的信道数量，可采用消水峰全波光纤；为了进行色散补偿，需采用反（负）色散补偿光纤（RDCF）等。骨干网络是基础性网络，除了能满足较长时期需求外，其长距离大容量传输技术、光网络节点技术、网络可靠性及网络生存性技术等是极其重要的。下面我们将分别集中讨论。

7.2 长距离大容量传输技术

长距离大容量传输技术是骨干网络信息传送的基本要求与最显著的特征。它主要由以下技术作支撑：光复用技术、光放大技术、色散管理与非线性效应管理技术、纠错技术等所构成。现分别讨论如下。

7.2.1 光复用技术

1. 光复用技术概述

光复用技术种类很多，有光波分复用（OWDM）或光频分复用（OFDM），光码分复用（OCDM），光时分复用（OTDM），光偏振复用（OPDM），光空分复用（OSDM），副载波复用（SCM）等。其中最重要也是应用最多的是 OWDM。现在分别简要介绍如下，重点是 OWDM 技术，后文将详细讨论。

① OWDM 或 OFDM

它是将两种波长或多种波长的光载波信号（携带有各种类型信息）在发送端经合波器（即复用器，Multiplexer）汇合在一起，并耦合进光线路中同一根光纤进行传输，在接收端经分波器（即解复用器，Demultiplexer）将各载波进行分离，然后由光接收机作进一步处理并恢复原信号。这样，整个系统的通信容量就是单载波的 N 倍（N 为光载波数量）。

② OTDM

OTDM 是利用不同的时隙将多个光信道复用在同一根光纤的单一载波中进行传输的，与电域时分复用系统相类似。它是将通信的时间分为相等的间隔，每一间隔只传输固定的信道，即时分；若干个信道按照严格的时序进行复用并在同一个光载波中传输，这就是复用。在发送端用光时分复用器将各信道进行合路，最常用的复用器就是光纤延时线型复用器，在接收端用光时分解复用器进行分路，不过解复用器结构比较复杂，如光克尔（Kerr）开关矩阵解复用器，非线性光纤环路镜等均可。

③ OCDM

OCDM 技术基于光编码/解码技术。通信复用系统给每个信道分配唯一的光码作为该信道的地址码，对要传输的数据信息用该地址码进行光编码，将多路不同的光编码信号合在一起进行复用传输，在接收端，用与发送端相应的地址码进行光解码，并获取不同用户的信息。

由于可利用光的振幅、频率、相位等特性进行不同的编/解码，所以构成光码字和光码组的方式很多。而且用户的接入可以是同步方式也可以是异步方式。前者需全网同步，组网灵活性差，但具有容量大的特点；后者可随机接入，无须同步，组网灵活，系统简单。

OCDM 技术的特点是：该复用系统采用单一波长的扩频系列，频谱利用率高；可直接光编码/解码实现光信道复用和光信号交换；保密性好，抗干扰能力强；对光源的稳定性和线宽要求比 WDM 系统中的光源大大降低；整个系统的成本相对较低。

OCDM 系统所用的复用器/解复用器主要有光纤延时线、光纤光栅、马赫—曾德尔（Mach-Zehder）干涉仪以及平面阵列波导光栅等。实际工作中，可根据需要采用混合型双重复用系统，如 OCDM 与 OWDM 相结合的双重复用，以提高组网灵活性和通信容量。

以上三种光复用原理可用图 7-1 表示，三种复用技术特点的比较如表 7-1 所示。

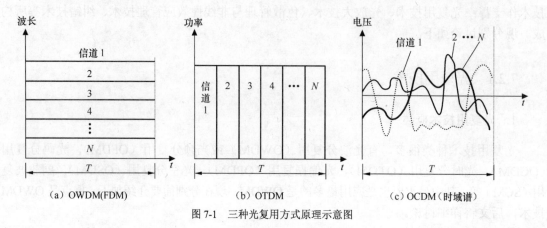

图 7-1 三种光复用方式原理示意图

表 7-1 OWDM、OTDM、OCDM 特性比较

OWDM	OTDM	OCDM
波长的线性叠加	时隙的线性叠加	光码的扩频叠加
采用单纵模激光器	极短脉冲激光器	频谱资源利用充分
需精确波长控制	系统严格同步	采用宽谱光源
需精确调谐光滤波器	需高速定时提取技术	地址分配灵活
需多波长之间转换	需超窄光脉冲产生技术	通信质量高
传输透明性好	需超窄光脉冲调制技术	保密性好
波长路由	地址分配不灵活	用户可随机接入
波长交换	可使低速信道变高速	利于实现全光传输与交换

④ OPDM

OPDM 利用光的不同偏振模作信道，然后复用进行传输。该技术尚处于研究阶段。

⑤ OSDM

OSDM 是利用多光纤的一种复用技术，由于带宽利用率很低，所以基本上不采用。

⑥ SCM

SCM 是一种光调制与电调制相结合的复用技术。它是将要传输的信号先用来调制一个射频波，再用射频波去调制发射光源。在接收端经光电转换后恢复带有信号的射频波，再通过射频检测还原成原信号。这就是说，副载波光纤通信是经过两次调制两次解调。两重载波分别是光波和射频波，射频波即是副载波。副载波多路传输技术多用于光缆有线电视传输当中。

2．OWDM 技术

OWDM 技术是将两个或更多个波长的光载波（携带有各种信息），在发送端经合波器汇聚在一起并耦合进光线路中的同一根光纤进行传输；在接收端经分波器将各个波长的载波进行分离，然后由光接收机作相应的进一步处理并恢复原信号。可以是单向传输也可以是双向传输。

该技术可使用的光波波长范围很广，只要是处于光纤的低衰耗低色散窗口的波长，原则上讲都可用于 OWDM 技术。图 7-2 是光纤技术近几年来在开发新的通信窗口方面所取得的重大成就。由该图可以看出，1 280～1 625nm 的广阔频谱范围内都可以用于 OWDM。这不仅极大地拓展了复用光波波长的范围，也给复用技术带来了选择的灵活性，从而极大地推动了 OWDM 技术的发展。OWDM 技术的最大好处是可以成倍地提高通信容量。例如，一个光载波（单信道，1CH）的通信速率是 10Gbit/s，现将 10 个这样的载波复用在一起，总的传输速率就提高了 10 倍，即 100Gbit/s。这样就会带来巨大的经济效益和社会效益。

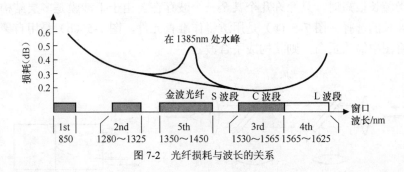

图 7-2　光纤损耗与波长的关系

根据 ITU-T 的建议，把 1 552.52nm（即 193THz）的波长定为基准。按照波长间隔ΔL 大小将 OWDM 技术分为：①粗波分复用（CWDM），波长间隔$\Delta L \geq 20nm$；②波分复用（WDM），$1.6nm \Delta L < 20nm$；③密集波分复用（DWDM），波长间隔$\Delta L \leq 1.6nm$（200GHz）。常用的信道间隔为$\Delta L = 0.8nm$（即 100GHz），或其倍数：0.4，0.2，0.1 等。

光复用器是光复用系统中的关键器件，将两个或更多个光波汇合在一起的称为合波器，将混合光波分开的器件称为分波器，两者统称为光复用器。光复用器的原理是利用光学元件的角色散原理（如当混合光通过光栅或棱镜后就会发生各光波的分离）、干涉原理等制作而成的光无源器件。如图 7-3 所示，从光纤输出的混合波经透镜（L1）准直后射向光栅，由于各种光波的衍射角不同，经透镜（L2）后分别聚焦在不同的位置上，从而把混合光波分开。图 7-4 是棱镜的分光

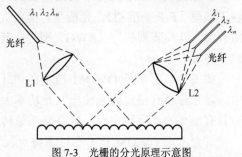

图 7-3　光栅的分光原理示意图

原理示意图。众所周知，不同波长的光在同一种物质中的传播速度是不一样的，即折射率随波长而改变。当混合光波准直后通过三棱镜时，其速度各不相同，从而将其分开。再经过透镜聚焦后分别耦合进不同的光纤里。

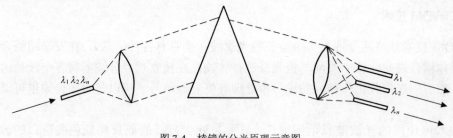

图 7-4 棱镜的分光原理示意图

以上就是分波器的工作原理，若将光传播方向逆向进行，这就是合波器的工作原理。

如图 7-5 所示是利用干涉滤光膜（滤光片）制作成的光复用器。当混合光通过多层介质膜时，在每层薄膜界面上多次反射和透射的光线性叠加，当光程差等于光波长或是同相位时，多次透射光就会发生干涉，同相加强，形成强的透射光波，而反相光波则相互抵消。通过适当设计多层介质膜系统，就可得到滤波性能良好的滤光片。实际上干涉滤光膜的每一层薄膜类似于法布里—泊罗（F-P）谐振腔。众所周知，F-P 腔具有选频特性，通过腔长来控制谐振波的多少，当腔长很短时，只允许几个甚至一个波存在。由于干涉膜是多层结构，从而可以达到对多种波长的选择。图 7-5（a）是用透镜作准直元件，图 7-5（b）是用自聚焦透镜作准直元件。若将图中箭头反向，则就构成了合波器。

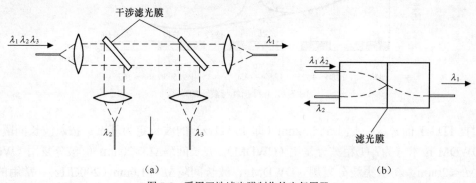

图 7-5 采用干涉滤光膜制作的光复用器

以上我们介绍了光复用器最重要的工作原理。光复用器从材料结构上可分为五大类：薄膜干涉型（F-P 基准型），光栅型，光纤光栅型，光学元件（如光学透镜、反射镜、棱镜等）组合型，以及阵列波导（AWG）型等。其中广泛应用的有薄膜干涉型，光纤光栅型以及阵列波导型等。

如图 7-6 所示是 OWDM 技术在光纤通信系统中应用的典型系统结构。在这种传输系统中，除光源要有稳定的光输出（光功率大小与峰值波长要非常稳定）外，就是要求光复用器应具有很高的温度稳定性。这是高质量传输与接收的重要保证。

综合考虑 OWDM 技术有以下特点。

① 能充分利用光纤的巨大带宽，极大地提高通信容量。

② 对已建光通信系统，可利用 OWDM 技术进行扩容，既能节省资金又能节省时间。

③ 利用 OWDM 技术可以大量节省光线路中光缆的投资。

④ 由于各个光波是独立的，所以可传输特性完全不同的信号；还由于光波是透明传输，

因而也不受数据格式的限制。

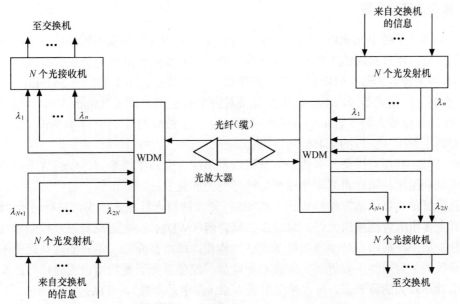

图 7-6　波分复用技术在光纤通信系统中的应用

目前，OWDM 的商业应用已达上百个信道（上百个光载波），研究水平已实现上千个光波复用。据专家推荐，骨干网的复用光波数一般应在 40～80 个波长，若预测还不能满足需要的话，可适当增加；城域网复用的光波数一般应在 10～40 个光波，而接入网则根据具体情况应在 4～16 个波长。估计的光波复用数，在通常情况下已是足够了。当然，实际通信系统设计时应从近期、中长期的需求全面考虑决定。

7.2.2　光放大技术

所谓光放大器就是放大光信号的器件。在长距离大容量的光通信系统、在光孤子传输以及全光网络中都是不可缺少的。它不仅能直接放大光信号，而且还具有高增益、低噪声、宽带宽等优点。正因为光放大器具有这些优点，才能够真正实现超长距离超大容量的光纤通信。

光放大器主要有三种不同的应用：在发射端作功率放大，用于提高发射机的功率，增加入纤的光功率；在接收端作前置放大，提高接收功率水平；在线路中作在线功率放大，以延长传输距离。光放大器不管作何种应用，都应具有以下特性：

① 在通带内是高增益，且增益平坦；

② 宽频带；

③ 低噪声；

④ 对偏振不敏感；

⑤ 性价比高。

光放大器种类很多，目前常用的主要有三类：掺杂光纤放大器、喇曼光纤放大器以及半导体光放大器。下面我们对其进行具体的讨论。

1. 掺杂光纤放大器

光纤中掺杂了稀土元素以后就变成了增益介质。因掺杂的杂质不同，所以就出现了许多种光纤放大器，而且对应的工作波段也不同。当前最重要的光纤放大器主要有以下几种：

① 掺铒光纤放大器（EDFA），工作频带对应于 C 波段，即 1 528～1 562nm；

② 掺镨光纤放大器（PDFA），工作频带对应于 O 波段，即 1 300nm 左右；

③ 掺铥光纤放大器（TDFA），工作频带对应于 S 波段的 1 450～1 480nm；掺铥氟化物光纤放大器工作于 S 波段的 1 450～1 530nm。

除此之外，利用双掺杂和多掺杂方法可以扩展或改变其工作带宽，以适应不同的工作频带。也可以利用这种原理将其制作成平面波导型光放大器。

掺杂光纤放大器的基本结构大体上都相同，现以掺铒光纤放大器为例进行讨论，如图 7-7 所示。其主要组成包括掺铒光纤、泵浦源、耦合器（WDM）、光隔离器以及控制器等。它们的作用分别如下。掺铒光纤主要提供激光活性物质，即增益介质，不同的掺杂用于不同的波长光信号放大。泵浦源主要提供一定波长的能量，促使激光活性物质放大光信号。泵浦源一般是输出功率较大的激光器，可以是单泵或双泵（图中是双泵），可以是前向泵浦、后向泵浦或前后向混合泵浦。这里的耦合器实际上就是波分复用器（WDM），其作用是将泵浦光能量耦合进掺铒光纤中，促使激光活性物质产生增益。光隔离器是光的单向器，主要是防止光的反射影响。控制器是实现对光路的控制。

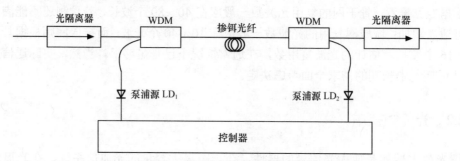

图 7-7 掺铒光纤放大器结构示意图

光纤放大器的工作原理与固体激光器相似。即在激光活性物质中产生粒子数反转分布，并产生受激辐射。为了产生稳定的粒子数反转分布状态，参与光跃迁的能级应超过两个，一般是三能级和四能级系统。同时泵浦光子的能量要大于激光的光子能量。激光腔形成正反馈，这样就形成激光放大器。图 7-8 是铒离子三能级系统图。当用高功率泵浦源去激励掺铒光纤时，使铒离子形成粒子数反转分布，处于受激亚稳态的电子数多于基态上的电子数，从而构成能产生受激发射的先决条件。亚稳态与基态之间的能级差为 0.8eV，与 1 550nm 波长的光子能量相当。当 1 550nm 波长的光通过掺铒光纤时，两者之间存在着量子力学谐振效应，使亚稳态离子跃迁回基态，同时释放出与入射波同频同相位的光子，从而形成光的放大。

由图 7-8 可知，掺铒光纤放大器的泵浦源应该有三种波长的半导体激光光源，即 1 480nm，980nm 以及 800nm。前两种应用得较多，其中 980nm 半导体激光泵浦源最好，具有噪声小、泵浦效率高、驱动电流小等优点而被广泛地应用。

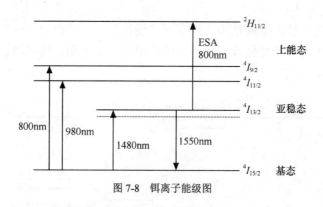

图 7-8　铒离子能级图

综合考虑，掺铒光纤放大器具有以下特性。

① 带宽很大。若增益为 27dB，则 3dB 带宽为 33nm，如果每路占 5GHz 带宽，则可同时放大 1000 路信号。

② 增益很高。增益一般大于 30dB，甚至更高。用输出输入信号功率比对数来表示增益，其数学表达式为：

$$G = 10 \lg (P_{out}/P_{in}) \tag{7-1}$$

③ 噪声低，接近量子极限。噪声值一般为 4～6dB，即使在上千公里几十个光放大的干线系统中，也能保持低噪声。

④ 泵浦效率高。用 980nm 光源泵浦时，效率可达 10dB/mW；用 1 480nm 光源泵浦时，其效率为 5.1dB/mW。

⑤ 对偏振不敏感。

⑥ 工作稳定性好。

⑦ 与传输光纤之间的耦合效率高等。

由于掺铒光纤放大器具有诸多优点，在国内外大的光纤通信系统中被广泛地应用。实践证明，掺铒光纤放大器不仅有良好的性能，而且具有长期的可靠性。掺铒光纤放大器已形成了一个很大的产业。

2. 喇曼光纤放大器

喇曼光纤放大器 （FRA）的研制成功与商用，是一个重大成就。它与 EDFA 一样被广泛地应用于光纤通信系统中。其工作原理是这样的：当一定波长的大功率激光耦合进光纤时，激光就会与光纤波导介质发生相互作用，产生非线性效应，如受激喇曼散射、受激布里渊散射等。喇曼光放大器就是利用喇曼散射过程中，把泵浦光的能量不断地转移给信号光的方式，使信号光不断地得到放大。具体的机理是：在非线性介质中，入射的泵浦光波的光子与介质分子振动的声子相互作用，入射光子被介质分子散射成为低频的斯托克斯（Stocks）光子，其能量降低部分转变为分子的振动能，使分子完成振动态之间的跃迁，这就是喇曼（Raman）散射，即喇曼效应。当进入光纤中的信号光的频率处于斯托克斯波的增益谱线范围内时，信号光就会得到加强，即得到放大。由于其频率下移量取决于介质振动模式和入射泵浦光，所以，选择不同的泵浦光可得到所需信号光的放大。采用多个不同波长的泵浦光就可得到超宽带的光放大。

图 7-9 是喇曼光纤放大器的结构。泵浦源可设置为一个或两个。一般都置于光纤线路的末端。泵浦源除用大功率半导体激光器外，还常用光纤激光器。喇曼增益介质为泵浦光所通过的整个光纤线路。

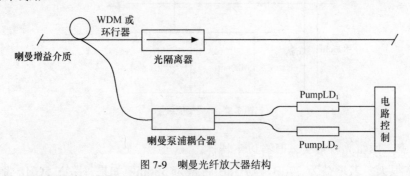

图 7-9　喇曼光纤放大器结构

综合考虑，喇曼光纤放大器具有以下优点：

① 带宽很大，几乎无限；

② 噪声低，这是由于非能级跃迁机理放大器的天然特性所决定；

③ 带宽设计灵活，带宽取决于泵浦光波长；

④ 分布式放大，可以使非线性影响最小化，如四波混频（FWM）；

⑤ 增益稳定性好；

⑥ 传输介质就是增益介质，所以减少或避免了有关耦合和连接。

主要缺点是泵浦功率较大，一般为数百 mW。

3．半导体光放大器

半导体光放大器（SOA）有三种：第一种是法布里—泊罗型（FP-SOA）激光放大器；第二种是注入锁定型（IL-SOA）激光放大器；第三种是行波型（TW-SOA）激光放大器。而行波光放大器性能最好，应用得也最多。其 3dB 带宽可达 10THz，所以可应用于多种频率光信号放大。图 7-10 是其结构示意图。

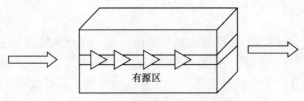

图 7-10　半导体光放大器结构示意图

行波半导体激光放大器的结构与普通条形半导体激光器结构基本一样，只是两个端镜面的反射率很低（$<10^{-4}$）。工作原理是：由于其有源层的两端反射率很低，形不成 F-P 谐振腔。当光信号通过有源区（有源波导层）时，随着信号光的前进而逐渐放大。所以称为行波光放大器。

半导体光放大器具有以下性能。

①　增益带宽很大，一般可达 40nm 以上，甚至高达 70nm。这对于 OWDM 很有好处，可使得多信道光信号同时得到放大。

②　增益一般可达 25～30dB。

③　噪声指数 F 一般为 5～7dB，最好结果低于 5dB。

④　与光集成回路匹配好，便于集成。

⑤　体积小、功耗低。

半导体光放大器的最大缺点是与光纤之间的耦合效率低，而且工艺难度较大。其产量及应用状况远不如 EDFA。

4．三种光放大器性能比较

现将三种光放大器的性能作一综合比较。

（1）掺杂光纤放大器

优点：

①　与光纤之间的耦合效率高，工作波长处于光纤的传输窗口；

②　能量转换效率高，泵浦功率小；

③　增益高，且稳定，对温度变化不敏感；

④　噪声小，串音小；

⑤　对偏振不敏感；

⑥　可实现透明传输。

缺点：

①　工作带宽较窄；

②　增益带宽不够平坦。

（2）喇曼光纤放大器

优点：①　带宽很宽，放大的信号波长取决于泵浦光的波长；

②　增益高，输出的功率大；

③　是分布式放大，整个传输光纤都是放大器，有利于降低非线性效应的影响；

④　放大机理是非能级跃迁型，噪声很小；

⑤　响应速度快。

缺点：①　需要大功率泵浦源；

②　对偏振态比较敏感。

（3）半导体光放大器

优点：①　体积小，功耗低；

②　带宽大；

③　便于和其他器件集成。

缺点：①　与光纤之间的耦合难度大，耦合效率低；

②　对光的偏振特性较敏感；

③　噪声及信道之间串音干扰较大。

以上三种光放大器都实现了商品化，应用时宜根据场合而定。既要考虑性能，又要考虑成本，同时还要考虑日后的维护和更换的方便性。

7.2.3　色散管理与非线性效应管理技术

色散问题与非线性问题在波分复用系统尤其是长距离大容量光通信系统中，是一个非常重要的问题。既是理论问题又是实际问题。尤其在密集波分复用系统中更为突出。这涉及光纤的色散管理与非线性效应管理问题。

1．光纤的色散管理

不同波长的光在同一根光纤中传播，由于其传播速度不同而发生色散，从而导致脉冲宽度展宽。这将限制传输距离并降低传输质量。所谓色散管理就是人为地限制或抵消色散效应的影响。为了控制这种影响，必须进行色散管理。补偿色散通常有两种方法：一是在光纤线路一定距离中周期性地接入一段色散补偿光纤（DCF），如反色散光纤（RDF）。以便抵消色散效应的积累，限制色散的不利影响。然而色散补偿光纤的色散斜率与常规光纤不完全匹配，导致其不能在多个波长上同时精确地补偿色散效应，即有残余的色散。特别是 G.655 光纤，色散斜率的补偿比较困难。目前较有效的方法是针对光谱优化的色散补偿，即通过将波段划分为多个子波带进行精致补偿，使补偿色散斜率完全匹配。另一种方法是在光纤线路中采用啁啾光纤光栅来限制色散。由于啁啾光纤光栅器件体积小、插损小，以及色散斜率可控制到与传输光纤一致而深受欢迎。但是这种器件制造较困难，成本高。

2．光纤的非线性问题及其管理

光纤的非线性问题对长距离大容量传输起很大的限制作用。1 550nm 位移光纤具有低损耗低色散特性，按理来说非常适合 WDM 应用。然而当光纤中的光功率大到某一定值时，就会产生非线性效应，使 WDM 传输受到很大限制。这里的非线性效应有两类：一类是来自受激散射，是光与光纤波导介质的相互作用；另一类是来自光强变化引起折射率的调制（变化），即产生非线性折射率效应。现在分别讨论如下。

第一类，当光与光纤波导介质发生相互作用时，就会产生散射，其中主要是非弹性散射影响较大。这里又分为两种情况：一种被称为受激喇曼散射（SRS），另一种称之为受激布里渊散射（SBS）。前者散射后能量降低的部分转变为分子振动能，而且以前向散射为主；后者散射后能量降低的部分转变为声子振动能，而且以后向散射为主。散射强度都随入射光功率的增加而呈指数增加。

第二类，当在高功率光入射时，光纤的折射率不再是一个恒定值，光强的变化会引起折射率的调制（变化）。折射率的变化就意味着光的传播速度发生变化，从而产生色散，使信号脉冲宽度发生展宽。于是会发生以下三种非线性效应。

① 自相位调制（SPM）。光场本身产生相位移，导致频谱展宽。

② 交叉相位调制（XPM）。有两个或多个光波信号在同一根光纤中传播时，就会产生交叉相位调制。

③ 四波混频（FWM）。在多个光波传播时，相互作用所产生的一种非线性效应，即产生新的光波。例如，有两个光波 F1 和 F2，则会产生（2F1—F2）和（2F2—F1）的两个新波。从而发生 FWM，如图 7-11 所示。若有 F_i、F_j、F_k 三个光频，则会产生新光频 $F_z = F_i \pm F_j \pm F_k$。

在这个组合式中，只要相位匹配就会产生第四个光频。

当信道间隔很小时，很容易满足相位匹配。因此，很容易产生新的光频，从而引起信道之间的串扰。不仅如此，随着传输距离的延长，原先的两个光信号能量不断衰减，甚至可能消失。因此，在这里强调指出，光纤色散和信道间隔都很小时，很容易产生 FWM。所以说，光纤色散为零或很小时并不好，这就是研制非零色散位移光纤的理由。

图 7-12 是各种非线性干扰与信道功率、信道数量的关系。由图中可以看出，SRS 的阈值较高，对单信道通常不产生影响。但由于喇曼增益谱很宽（约 10THz），只要信道能量超过阈值就会产生 SRS 引起的非线性干扰。对于信道间隔 Δf = 10GHz 的 100 个信道的 WDM 系统，为避免 SRS 引起的干扰，每信道的功率应小于 0.4mW。

对于 SBS 来说，在同向传输时不发生干扰。但功率超过一定值时，发生高频信道能量向低频信道传送。SBS 与调制方式和码速有关。

对于 XPM，相位移不仅与自身强度有关，而且与其他信道信号强度及调制方式有关。如图 7-12 所示，10 信道的 WDM，通常信道功率小于 1mW。

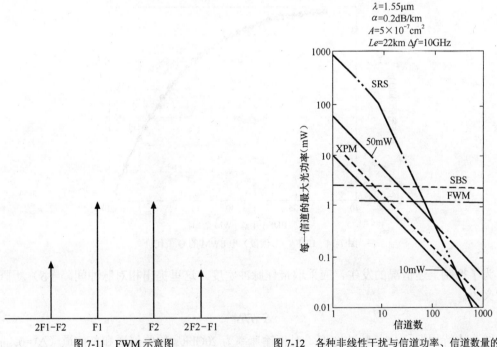

图 7-11　FWM 示意图　　　　图 7-12　各种非线性干扰与信道功率、信道数量的关系

对于 FWM，当信道等间隔时会引起信道间能量转换；在不等间隔时，产生新频率可能会落入信号间隔之间，从而引起串扰（噪声）。信道功率 P 都相等时，FWM 效率与 P 的三次方成正比。如图 7-12 所示，其信道能量应在 1mW 左右。

由上所述，我们可以得到如下结论：信道数 N=10 时，FWM 与 SBS 是主要的；当 N>10 时，XPM 开始占主导地位；当 N>500 时，SRS 是主要的。

3. 光纤放大器（EDFA）的非线性问题及其管理

在光纤线路中，除了光纤的非线性外，光放大器同样也存在着这种问题。

在 C 波段（1 528～1 560nm）和 L 波段（1 570～1 600nm）都存在着 XPM 和 FWM 问题。

XPM 与 DWDM 系统中光纤的 XPM 的情况差不多，但要稍强些。FWM 在 C 波段和 L 波段都存在，但 L 波段中的 FWM 串扰要比 C 波段大得多。且 FWM 效率正比于掺铒光纤（EDF）长度的平方，且随信道间隔Δλ增加缓慢地减小，但不像在传输光纤中那样的明显变化。如图 7-13 所示是实验结果。

理论模拟研究结果表明，L 波段，EDFA 中产生的 FWM 对 DWDM NRZ 的系统有潜在的影响。EDFA 中的 FWM 比在色散位移光纤（DSF）NZ 系统中大得多。当串扰达到−22dB 时，Q 值下降 1dB，如图 7-14 所示。

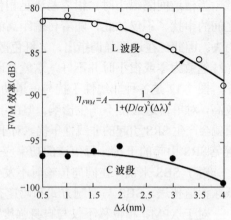

图 7-13 FWM 效率与信道间隔的关系

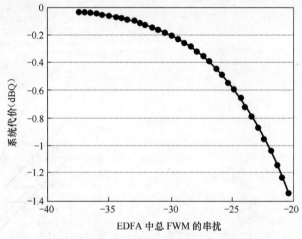

图 7-14 EDFA（L 波段）中 FWM 的 Q 值代价

为了抑制上述情况的发生，应采取最佳脉冲宽度。这里提出相对脉冲间隔（S）新概念，并定义为：

$$S=T/\Delta t \tag{7-2}$$

式中 T 为比特周期，Δt 是脉冲宽度。对传输速率为 20Gbit/s 的单信道和 5 信道（Δλ=0.4nm，−4dB/ch）分别进行实验，具体条件为 10 段 SMF-RDF 系统，每段长 40km，总长度 400km。实验结果如图 7-15 所示。

由图 7-15 可以看出，对于单信道，$T/\Delta t$ 增加，系统性能有所改善；对于 5 信道来说，$T/\Delta t$ 增加，系统性能下降。为抑制 DWDM 系统中的交叉相位调制，采用较小的 $T/\Delta t$ 是必要的。即采取最佳脉冲宽度。

不同信号脉冲功率与各种相对脉冲间隔

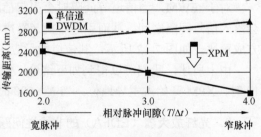

图 7-15 $T/\Delta t$ 对系统性能的影响

的关系如图 7-16 所示。由图可知，功率为-6dBm/ch 或更小时，系统的行为像线性。当脉冲功率增加到-5dBm/ch 或更大时，则受 RDF 的非线性影响，在更大 $T/\Delta t$ 值处，由于 XPM 引起的非线性相互作用而变劣。在相对脉冲间隙为 2 时，则适合于 DWDM 传输。

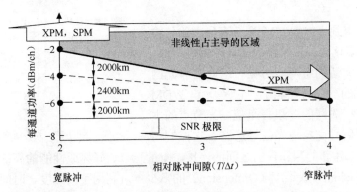

图 7-16　不同信号脉冲功率与 $T/\Delta t$ 的关系

以上我们阐述了非线性的产生与抑制办法，然而这还不够理想。为了进一步改善非线性影响，还需要采用以下办法：

① 采用喇曼光纤放大器，尽量降低信道的光功率；

② 采用对非线性效应容限大的载波抑制归零码，即 CS-RZ 码。该码型在同时考虑色散和非线性效应时，传输性能最优；

③ 采用前向纠错（FEC）技术和超强 FEC 技术，以便优化系统对于非线性效应的容忍度。

在长距离大容量传输系统中，除了在光域范围内尽量提高光信号的信噪比（OSNR）外，在电域范围内还可进行编码纠错。即在传输码列中加入冗余纠错码，这就是所谓的 FEC 技术。它能使接收端在光信噪比较低的情况下仍获得较满意的误码性能指标。根据 G.707 建议，可利用 SDH 的段开销 SOH 中空余字节 P1、Q1 以 BCH-3 码方式增加 FEC 选项，降低对接收信噪比的要求，以达到改善系统性能、降低成本及延长传输距离的目的。在常规 WDM 系统中多用带内 FEC（可获得编码增益 3～4dB）和带外 FEC（可获 4～5dB 增益）。为获得更高编码增益，多用级联码的增强型 FEC（EFEC）或超强 FEC，使编码增益达到 7～9dB。该技术已在高速率大容量长距离 SDH 系统中得到广泛的应用，获得了令人满意的效果。

7.3　光网络节点技术

现有网络都是由光传输系统和电子节点所组成，光技术是用于两个电子节点之间的点对点的传输。电子节点主要是完成 O/E/O 的中继器功能、上下话路功能以及维护管理功能等。随着光网络技术的发展，尤其是以 WDM 技术为基础的光网络技术的快速发展，再加上光放大技术、光交换技术等所取得的重大成果，促使 WDM 系统从传统单一的点到点传输技术发展到 WDM 联网技术。从而实现了从"线"到"面"的质的飞跃，即形成了众多波长复用的光网络，这就是光传送网（OTN）。根据 ITU-T G.872 建议，对 OTN 分层结构定义为：由一系列光网元经光纤链路互联而成，并按照 G.872 要求提供有关客户层信号的传送、复用、选路、管理、监控和生存性功能的网络，称之为光传送网（OTN 分层结构如图 7-17 所示）。

众所周知，点到点的 WDM 系统有巨大的传输容量，然而有许多这样的系统组成光传送网网络时，如何能实现有效灵活的组网能力呢？这就要靠光网络节点（ONN）的功能与性能了。它是众多 WDM 链路（系统）连接成网的枢纽与纽带。光节点的主要功能是提供光信号交换与光信号选路。它控制与

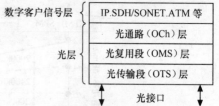

图 7-17　光传送网络分层结构

分配信号路径，创建新的源和目的之间的连接。衡量光节点好坏或性能的高低通常要看它所具有的自由度（Freedom）或维度（Dimension）的多少。可利用空间维度、时间维度以及波长维度等交换和控制光信号的路径。因此，光节点所具有的功能越多越完善，则组成的网络就越灵活，各种功能就越强大。在这里须指出：光分插复用器、光交叉连接器，以及自动交换光网络（ASON）技术等所构成的动态可重构的光节点将发挥重大作用，是光节点至关重要的技术。

光网络节点技术的基本功能可概括为：动态波长指配功能，实时实现指配；快速动态光通道恢复；保护恢复容量共享以提高资源利用率；以动态波长实现光层与 IP 层的互联，并能使用集成的流量工程；能动态地为阻塞路由分配波长重新选路，同时根据路由器的动态带宽请求重新配置网络等。能够实现这些功能的光节点大都由能提供上下路的光分插复用器，能够实现网间交叉互连的光交叉连接器，由前两者组成的既能上下路又能交叉连接的混合型，以及自动交换光网络等所组成。现在分别阐述如下。

7.3.1　光分插复用器

在 WDM 传输系统中，可以分出或插入某一波长的信道信号，这种技术称为光分/插复用技术。具有该功能的器件称为光分插复用器（OADM）。它是一种非常重要的网元。OADM 有多种结构，总的来说可分为重构与非重构两种类型。解复用器、分插控制单元以及复用器等为其基本组成。图 7-18 是其结构示意图。分插控制单元的功能主要有路由选择、保护倒换、检测管理等。若路由选择是由光开关和可调谐滤波器所控制，则该 OADM 就可实现动态调整节点上下路的光波长，从而实现光网络的动态重构。这对网络管理的灵活性、波长资源的利用效率和良好分配有重要意义。

光分/插复用技术的基本功能过程是解复用、交换和再复用。鉴于这种原理，已研制出各种 OADM 器件：如 WDM DEMUX 和 MUX 的组合型 OADM 器件；马赫-曾德尔结构的光纤光栅型；以及平面集成型等，它是将光波导、马赫—曾德尔结构以及干涉滤波器集成在一起的 OADM 器件。这些 OADM 器件都是以固定波长工作。也可制作成可调波长的器件。图 7-19 是复用系统中两个节点上下同一个波长的示意图。波长分别为 λ_i 和 λ_j 的信号从网络的两个不同节点分出，同一波长的新信号在该节点插入。凡是路由已确定的 OADM，其优点是没有时延，可靠性也高，但组网不够灵活。

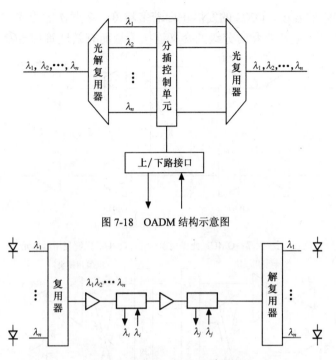

图 7-18　OADM 结构示意图

图 7-19　复用系统中 OADM 功能图

　　光分插复用器的研制和应用极大地简化了光网络的设计。通常情况下多采用星形网络结构，因为它可以向众多用户点分支，安全性较好，管理与维护也较方便。但是光线路成本较高，含纤数量大。若采用环形拓扑及 OADM 技术，既可向众多用户分支，又可节省成本，同时还可大大地提高网络的生存性。

7.3.2　光交叉连接器

　　光交叉连接器（OXC）是光传送网的主要节点设备和核心网元。它能在光层对波长信道进行交叉连接，极大地提高了信号重新选路速度与精度，对网络的传输速度和快速恢复有重大作用。这种技术的开发成功与应用，实现了灵活有效地管理光纤传输网以及可靠的网络保护、恢复、自动路由选择以及监控等。图 7-20 是一种简单的 OXC 功能图。它由解复用、交换和再复用三大功能所构成。图中示出了 $A\lambda_2$ 和 $X\lambda_2$ 的交叉连接。这是最简单的一种光交叉连接。当有多路的光信道要进行交叉连接时，一般要制作成光交叉连接矩阵。

　　为了进行管理控制，还需要设置管理控制单元模块。为增加 OXC 的可靠性，每个模块都有主用和备用设施，而且是自动倒换。管理控制单元通过编程对光交叉连接矩阵、输入输出端口模块进行监测控制。OXC 的核心是光交叉连接矩阵，它应具有无阻塞、低延时、宽带宽、高可靠以及单向和双向交叉等功能。光交叉连接作为光网络节点设备实际上是很复杂的，如图 7-21 所示，它还应具有光监控模块、光功率均衡模块、光放大模块等，共同构成一个完整的节点设备。

　　概括地讲，OXC 应有以下功能。

　　① 路由和交叉连接。光交叉连接节点一般要完成波长级的寻路和交叉连接功能，将来自不同链路的同波长或不同波长信号进行交叉连接。这是实现波长指配、变换以及网络重构

的前提。随着光网络的发展，OXC 的发展正向着多粒度、多层次的交叉连接的方向前进，以实现光纤级、波带级、波长级和时分级的交叉连接，从而有效地管理带宽。

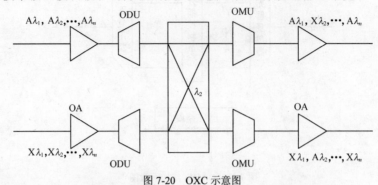

图 7-20 OXC 示意图

OA：光放大器；OMU：光复用器单元；ODU：光解复用器单元

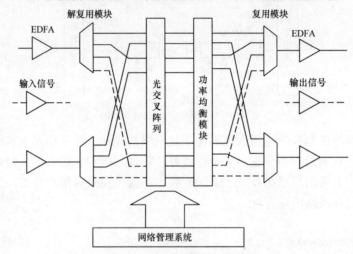

图 7-21 光交叉连接结构示意图

② 动态地管理带宽。根据带宽需求，寻找合适的带宽通道。

③ 完成上下路和指配功能。网络节点的基本功能之一就是要上下信号，同时具备指配功能，包括波长指配和端口指配。

④ 实现链路和网络的保护和恢复。

⑤ 波长汇聚功能。将低速波长信号汇聚形成一个更高速率的波长信号在网络中进行传送，这可以节省使用的波长数目。

⑥ 网络管理功能，包括性能管理、故障与修复管理，以及配置管理等。

OXC 技术水平和质量的优劣常常用下面的特性来衡量。

① 容量和交叉能力。OXC 的输入信号的格式和速率是透明的，因此，端口数的多少是其交换能力大小的重要指标。

② 模块化水平。OXC 节点各功能部分要模块化，这对于运转维护、日后扩容有重要意义。

③ 能否实现严格无阻塞和重构无阻塞。

④ 连通性能力。OXC 既能支持波长通道又能支持虚波长通道，即可以改变信号波长的方式进行传输。

⑤ 在交叉连接、保护倒换、恢复方面应是快捷的，即时延要短。

光交叉连接的核心部件是光开关和光交换单元。其种类很多，主要体现在核心交换结构的实现上。有波长选择型和波长转换型两种。从组成结构上看，有使用复用/解复用器和光开关的，有采用环形器和可调谐滤波器的，也有采用变换器的等；从使用的材料上看，OXC 可分为微机电开关（MEMS）型、波导型、光纤波导耦合型等。这里介绍几种重要的 OXC 类型。

OXC 的核心光交换模块有两种基本交换机制：空间交换和波长交换。实现空间交换的器件是各种类型的光开关，在空域上完成输入与输出的交换功能；而各种波长转换器则实现波长交换，将信号波长从一个波长转换为另一个波长。波长转换常常使用可调谐光滤波器与解复用器来实现波长选择。

图 7-22 是一种基于空分交换的具有波长选择性的交换机，称为波长选择交叉连接器（Wavelength-Selective Cross-Connects，WSXC），它可将入口处任何光纤上的任何一路波长交叉连接到任何一条出口光纤上波长相同的一路波长上，WSXC 现实中使用较多。

结构更加灵活的 OXC 是光交换机。它可将任何一条输入光纤中的任何一个光信道交叉连接到任何一条输出光纤中的任何一条光信道中，即可在不同波长的光信道之间建立连接。这时需要在输入端口、输出端口或两端口引入波长转换功能，这样它既可完成空间交换又可实现波长转换。由于引入波长转换器，这样就形成了一种波长交换光交叉连接器（Wavelength Interchange Cross-Connects，WIXC），如图 7-23 所示。

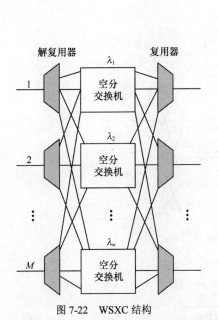

图 7-22　WSXC 结构

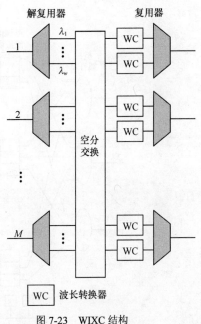

图 7-23　WIXC 结构

图 7-24 是两种基于空间光开关矩阵和可调谐光滤波器的波长级交叉连接器（WXC）的结构示意图。它们利用耦合器+可调谐滤波器完成输入 WDM 信号在空间上的分离，经过空间光开关矩阵和波长变换器后[见图 7-24（b）]，再由耦合器将各个波长复用在一起。图 7-24（a）中无波长变换器，只能支持波长通道。这种结构只有波长模块性，但不具有链路模块性。它可通过各个光滤波器选出同一个波长来，实现该波长信号的广播发送及组播发送。而图 7-24（b）由于增加了波长转换器，因而能够支持虚波长通道。

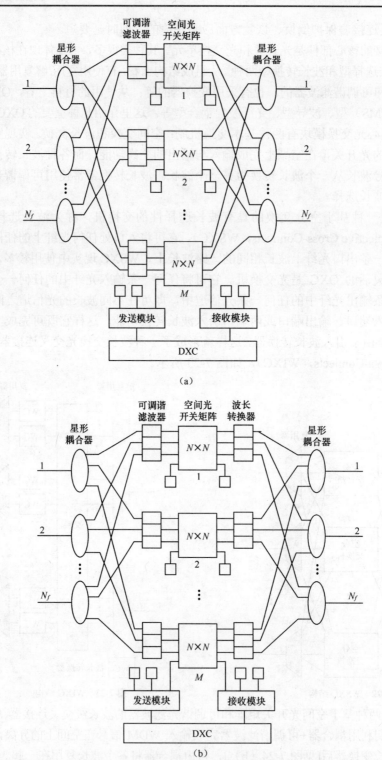

图 7-24　空间光开关矩阵和可调谐滤波器构成的 WXC

图 7-25 是基于阵列波导光栅（AWG）为波分复用器的波长交换 OXC 节点结构，它巧妙地利用了 AWG 波分复用器的复用和解复用的双向功能和输入输出循环移位特性，将多级的

波长变换器级联起来,完全在波长域上实现光通道的交换。图中 1×1 波长变换器由一个 AWG 解复用器、M 个波长变换器和一个 AWG 复用器构成,完成将 M 个波长转换为 R 个内部波长的功能。当 $R>2M-1$ 时,OXC 可实现绝对无阻塞的虚波长通道交叉连接。这种结构具有波长模块特性,而不具有链路模块特性和广播发送能力。若把 1×1 波长变换器的 AWG 解复用器换成可调谐光滤波器,就可实现广播发送能力。

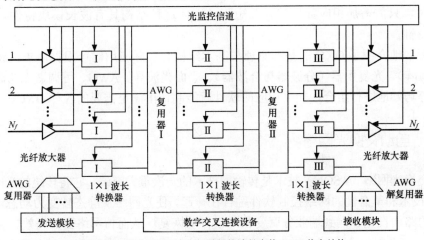

图 7-25　基于 AWG 波分复用器的波长交换 OXC 节点结构

图 7-26 是基于 AWG 波分复用器的空间交换 OXC 节点结构。图中光纤放大器(OFA)和 AWG 解复用器组成输入接口模块;AWG 复用器和 OFA 组成输出接口模块;波长转换器(W-C)

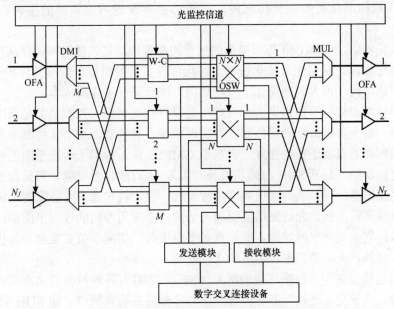

图 7-26　基于 AWG 波分复用器的空间交换 OXC 节点结构

DM:AWG 解复用器;

MUL:AWG 复用器;

OFA:光纤放大器;

W-C:波长转换器;

OSW:光开关矩阵;

和光开关矩阵（OSW）组成光交叉连接矩阵模块；光监控信道组成管理控制单元模块，对 OFA、W-C、OSW 以及波长路由进行监控和管理；由发送模块和接收模块完成上载本地用户发往其他节点的信号和下载通往本地的光信号。图中 OXC 有 N_f 条输入输出链路，每条链路中复用同一组 M 个波长，空间光开关矩阵容量是 $N \times N$（$N \times N_f$），每个光开关矩阵有（$N-N_f$）个端口用于本地上下路，与发送和接收模块相连。由图 7-26 可以看出：当波长数需要增加时，只需增加相应数量的开关矩阵，因此这种结构具有波长模块特性，而不具有链路模块特性。

以上扼要地介绍了 OXC 的基本原理与基本结构。实际应用时可根据需求，将各种光开关（包括矩阵）、光复用器（分波器与合波器）、平面光波导、AWG、可调谐光滤波器、可调谐激光器等巧妙地进行组合，加上相应的软件就能制作出满足需要的各种 OXC。

7.3.3　自动交换光网络

自动交换光网络（ASON）技术是传输网技术的一次重大突破。它将传统的光网络技术、高效的 IP 技术和革命性的网络控制软件融合在一起，使光网络从静态转变为动态。实现了真正意义上的路由设置、端到端业务调度和网络自动恢复。从而使网络更加高效、灵活、富有弹性。

ASON 不仅能实现业务的动态连接和时隙的动态分配，支持不同的技术方案和不同的业务需要，而且有很高的可靠性和很高的可扩展性。它在选路和信令控制下能完成自动交换功能，是标准化的智能光传送网。其核心是实现光网络资源的实时、动态的按需配置。

ASON 依托 OXC 和 OADM 等所提供的可重构配置的功能，使组网拓扑从环形、线形结构演变成网状形结构，从而能最优化选择光路由或发生故障时能最快寻找保护路由。ASON 不仅简化了网络结构，也大大地简化了节点结构，因而降低了建网成本。

ASON 的体系架构分为传送平面、管理平面以及控制平面。控制平面是新增设的层面，它引入了选路、信令和链路管理等机制，以实现带宽自动管理。ASON 控制平面的核心是利用信令实现端到端的自动连接的建立，它基于 GMPLS 族，依赖于传送平面的网元设备具备全自动时隙交换功能（包括 SDH 时隙和波长时隙），即时隙信号可以从网元设备的任意入时隙位置交叉到出时隙位置，从而实现高度的智能化。它支持快速的业务配置，满足应急的业务需求；它支持流量工程，允许网络资源动态分配；它采用专门的控制平面协议，可适应不同的传送技术；它提供网状网结构，能够抗多节点失效，提高了抗灾难能力，极大地提高了网络生存性；此外，支持多厂家环境下的连接控制。

传送平面包括提供用于网络连接的网元（NE），它具有各种粒度的交换和疏导结构，如光纤交叉连接、波长交叉连接，具有各种速率和多业务的物理接口，如 SDH（STM-N）、以太网接口、ATM 接口以及其他特殊接口，具有与平面交互的连接控制接口（CCI）。管理平面通过网络管理接口 T（NMI-T）管理传送平面、通过网络管理接口 A（NMI-A）管理控制平面，通过结合控制模块的链路管理协议（LMP）协同完成对 DCN 的管理。它主要面向运营商，侧重对网络运营情况的掌握和网络资源的优化配置，是网络运营商对网络进行管理和操作的平台。

综上所述，可以把 ASON 的优势归纳为：

① ASON 是使全光网络从静态到动态实现自动管理的核心技术；

② 生存能力极强，网状网在发生两个以上故障时仍能保持线路畅通；

③ 能提供多种业务分级接入，并为不同客户提供不同的保护恢复方式；

④ 资源利用率高于 50%，而 SDH 最高是 50%；

⑤ 扩展能力强；

⑥ 建网成本和运营成本相对较低。

关于 ASON 的组网方式，目前认为有两种：一是 ASON+DWDM，这种方式能充分发挥两者的优势；二是 ASON 和 SDH 混合组网方式。不过随着技术的不断进步和融合，很可能出现两者兼有的方式。

图 7-27 是 ASON 的体系结构。它由请求代理（Requirement Agent，RA）、光连接控制、光交叉连接、网络管理和多种接口所组成。请求代理将客户信息通过 ASON 控制平面的光连接控制器接入传输面的光交叉连接。光连接控制器的功能是负责连接请求的发现、接收、选路和连接控制。光交叉连接作为 ASON 网元，实现传输和交换的连接请求。网络管理包括管理平面以及对控制平面和传输平面的管理。接口包括 ASON 的网元节点之间的内部接口、光连接控制器和光交叉连接之间的连接控制接口、控制平面网络管理接口、传输平面网络管理接口以及物理接口。

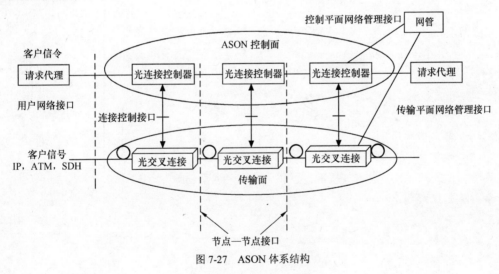

图 7-27　ASON 体系结构

7.4　结　　论

现在的骨干网络，都是光传送网。它具有以下特征：

① 骨干网络都是国家的核心通信网络，担负着通信大动脉的作用；

② 传输距离长，横跨国界的东西南北，距离长达数百至数千 km；

③ 传输的容量大，速度快，可达 Tbit/s 量级，是国家通信技术水平的象征；

④ 光节点技术要求很高，不仅交换速率要极快，而且要高度智能化；

⑤ 网络的可靠性和生存性极为重要；

⑥ 网络建设投资大、时间长，然而会带来巨大的社会效益和经济效益；

⑦ 骨干网络对国家安全有重要意义。

7.5 结 尾 诗

骨干网的特点与作用是：

> 骨干网络最重要，遍布全国主渠道。
> 信息设施为基础，技术先进应一流。
> 传输理论要严谨，精工细作建设好。
> 百年大计不可误，先导产业要记牢。
> 实现社会信息化，核心网络最重要。
> 促使经济大发展，富民强国有保障。

第 8 章 城域网及其通信技术

开篇诗　城域网自我画像

> 我是城市通信网，覆盖全城和郊区。
> 骨干传输我也有，交换功能更优良。
> 我的网络最复杂，里里外外有三层。
> 各种制式都得有，设备功能要万能。
> 信息流量我最多，各种速率都能通。
> 论技术是最典型，骨干接入都能行。

城域网的重要性不言而喻。由于城市大都是人口集中之地，是政治、经济、交通、金融等领域的要地，所以其信息通信网络十分重要。另外，城域网也是骨干网络的节点，担负着通信枢纽的作用，因而其通信技术的水准与质量的好坏影响非常之大。本章将讨论这个问题。

8.1　概　　述

8.1.1　城域网的有关概念与特点

城域网（MAN）顾名思义就是城市通信网。城域网可以看做骨干网（长途通信网）的一个大节点，由于城市大都人口集中、工业集中、商业集中、交通集中，以及是政治、经济的中心，所以城域网建设的重要性可想而知。城域网的技术水平和规模往往是一个国家现代通信技术的缩影。

城域网的概念来自数据通信。根据网络覆盖的地理范围分为局域网（LAN）、城域网、广域网（WAN），可类比于电话通信中的 PBX、市话网、长话网。

城域网的概念是在 20 世纪 80 年代后期提出的，它以光纤为通信媒质，提供高速宽带的综合业务，网径覆盖整个城市，跨接长途网与接入网之间。它通过各种网关实现语音、数据、图像、多媒体、IP 等的接入，并与长途网、公用交换电话网互连互通，构成本地宽带综合业务网。城域网具有以下特点：①传输距离介于长途网和接入网两者之间，为中长距离；②是全业务公用网，能支持各种各样客户层信号，包括 SDH、PDH、以太网等，是包含各种通信协议的高速通信网；③城域网建设的成本主要取决于节点的设施；④网径和速率具有可扩展性，以适应城市发展和人们对带宽需求不断增加的需要；⑤具有强大的网络管理功能，包括安全管理、性能管理、配置管理、故障管理、运行管理等；⑥具有很强的生存能力，即网络的抗毁能力和恢复能力。

城域网建设中所采取的技术路线，目前有四种。

第一种——基于 SONET/SDH 的多业务传送平台。当前，基于 SDH 的多业务传送平台技术已成功解决了传统 SDH 系统不能适应数据业务带宽动态变化的需要，继承了多业务支持能力，并兼容现有庞大的 SDH 设备。

第二种——基于层二交换和层三选路的以太网方案。

第三种——基于光复用（WDM、OADM）的多业务平台。

第四种——以 ATM 为基础的多业务平台。

这四点目前尚有争论，哪种最好一时还难下结论。应该根据承载业务能力、传输质量、网络发展以及投资和经济效益而定。不管何种方案，全光化、全 IP 化是没有任何争议的，是城域网发展的必经之路。

8.1.2　城域网担负的主要业务

城域网主要承担本地业务的接入、汇聚、传输和交换。服务的主要对象是各种各样的企事业单位。随着经济高速发展和社会快速进步，城域网担负的业务种类越来越多，要求的带宽越来越大，传输的速率越来越高。就目前来讲，主要要承担以下业务。

① 网络互联互通——通过域域网平台，将教育、科技、经济、交通、气象等信息网络互连起来，为大众服务。

② 提供高速上网——这是当前城域网增值业务的主要应用领域。

③ 电子政务——政府部门利用政府专用网或信息技术企业电子商务向社会公众提供信息服务的一种方式。这不仅大大地提高了工作效率和办事效率，也极大地提高了政府决策的透明度。

④ 电子商务——为各类企业提供电子商务支持，包括建立虚拟专网（VPN）。

⑤ 网上教育——包括远程教育在内的通过 IP 视像系统进行各类人员培训及系统专业授课。使得许多人有机会接受教育或再教育，并享受到好老师、好教材的待遇。

⑥ 远程医疗——利用视频技术以及传感技术进行求医、问药、咨询、诊断与会诊等。

⑦ 智能社区服务——在居民小区、商用写字楼等人口稠密、经济较发达的地方提供信息化服务，如物业管理、社区社会服务以及各类信息的获取等。

⑧ IP 电话、IP 传真、IPTV 等。

除此之外，随着 ICT 技术的发展及普遍应用，特别是以互联网为中心的视频业务、大信息量的文本业务以及高速率的流媒体业务等的发展，将会涌现出许许多多新服务业务。

8.1.3　城域网建设时须考虑的问题

城域网直接面对的是千千万万的用户，是信息生产、消费（使用）转接的密集区，在设计、建设通信网络时必须考虑以下问题。

①　在许多城域网上，业务流量可能比长途骨干网的业务流量大，甚至大很多。这是因为 70%以上的语音业务、绝大部分的视频业务都是来自本地区。

②　全业务网要求必须有全业务的接口，以满足现有的和即将运行的各种业务，如 SDH、PDH、视频、数据业务（如以太网、IP 路由器及其他各种数据业务）以及 IPTV 等。

③　城域网的业务调度和转接远比骨干网多很多，因而提高等效节点的带宽管理能力是非常重要的，要求网络调度能力与传输容量利用率要协调适配。

④　城域接入网要尽可能的一步到位，即实现 FTTH 及 FTTO。

⑤　我国现有的城域网大多数是环形拓扑，今后应以网状形拓扑为主，因为网状结构具有更多更好的优越性。

8.2　城域网的基本架构

城域网的基本架构如图 2-2 所示（见第二章）。为了便于功能定位、运营管理、产品开发等，将城域网分层对待。这种处理方式的好处是，在网络建设、设备选型、网络管理等诸多方面能做到思路清晰，层次分明。一个大中城市的城域网，可以划分为三层来处理，将汇接局及其与长途局所构成的网络，称为骨干层；将电信局与汇接局之间所构成的网络称为汇接层；将用户驻地网或社区网与电信局之间构成的网络称为接入层。有时将骨干层和汇接层合为一层，并称为核心层。对于较小的城市，往往没有这样细分，通常只有接入层和汇接层。

图 8-1 是城域网各层的功能、性能示意图。骨干层是 DWDM+OADM+OXC，以及 ASON所构成的光网络。主要功能是给业务汇接点提供大容量的业务承载和交换通道，实现各叠加网的互联互通，同时担负本城市与外界长途业务的转接，目前传输的制式主要是SONET/SDH。该层的传输速率一般都是大颗粒的，通常为 Gbit/s 量级，一般为几 Gbit/s 到上百 Gbit/s，甚至高达 Tbit/s 量级。复用的载波数通常为几十个，依业务需求而定。汇接层主要是给业务接入点提供业务的汇聚、管理和分发处理。这部分的节点设备种类多、数量大、接口多而且复杂。这部分网络多采取 DWDM+OADM+ASON+MSTP 或 CWDM+OADM+ASON+MSTP 形式。在传输速率方面一般为几百 Mbit/s 到几 Gbit/s。接入层处于城域网的边缘，主要功能是实现与各种类型的用户进行各种业务的连接及带宽分配，这部分网络可采取CWDM+MSTP 等。城域接入网，特别是大中城市的接入网，由于通信发展历史缘故，已形成如下的"繁杂"局面：第一，通信的制式很多，如 SDH、PDH、ATM、RF、以太网、IP等等；第二，承载各种协议的应用多，如 SDH、PDH、IP、ATM、各种以太网、TDM 语音、数字视频、FDDI、Fiber Channel 等；第三，速率范围各式各样，如 DS1、DS2、OC-3、OC-12、OC-48、OC-192、以太网各种速率等；第四，用户类型多，从住宅用户到大中小各类企事业单位、政府部门等。鉴于以上情况，形成了接入网的光电设备多、数量大、技术复杂，以及所用的光有源与无源器件品种多、数量大的局面，是开拓市场的好地方。目前，在我国许多大中城市都已实现光纤到社区（FTTZ）、光纤到楼（FTTB），有的还实现了 FTTH 及光纤到办公室 FTTO，为宽带的普及应用奠定了良好基础。

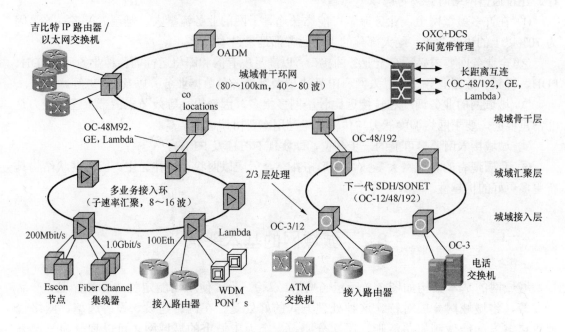

图 8-1 城域网各层的功能、性能示意图

8.3 城域网的发展方向

20 世纪 90 年代以来，随着经济快速发展和人们对物质文化生活需求的提高，人们期盼着社会交往、信息获得能方便快捷、轻松舒适、物美价廉地得以实现。为了满足社会对通信的容量、速率、质量、服务方式的要求，城域网必须具有很高性能的"万能"功能，即能满足各种业务的需求。为适应这种形势的需要，城域网必须沿着正确的技术路线发展，并在发展中不断完善、强化。概括地讲，城域网演进的方向如下。

8.3.1 光网络化

城域网光纤化并尽快实现全光化是其最终目标之一。近些年来，光传输技术与光网络技术有了突飞猛进的发展，这为城域网光网络化提供了强有力的技术保证。城域网全光化可借鉴骨干网中光网络技术，如 DWDM、OADM、ROADM、OXC、ASON、OA 等。城域网光网络化可认为是骨干网光网络化的一个缩影，即网络架构是相同的或者说是一个类型，但不是其微缩，两者仍有不同之处。主要差别在于传输距离和承担业务的不同。骨干网（广域网）传输距离长，信号需中继再生、放大及保持完整性，而城域网则很少或根本不需要这样；骨干网的用户是长途用户，主要业务是传送数据和语音，而城域网的用户是各种企事业单位、政府部门及住宅用户等，其业务是各种各样的，是全业务。这就决定了两者的差别。

城域网核心层应建设成高水平的光传送网（OTN）。在骨干层，应以 40Gbit/s 单信道的

DWDM 为主。1 CH 的 40Gbit/s 传输技术在我国已经成熟，不但实现了商业运作，而且已经出口。复用信道数（CH 多）可根据实际需要而定。在汇聚层应以 10Gbit/s 单信道的 DWDM 为主，也可根据实际情况采取 CWDM 方式，这样成本较低。在接入层应以 2.5Gbit/s 的 CWDM 为主。关于节点设置，应以网络运营效率和经济效益综合考虑。

城域网只有实现全光化，才能够真正实现高速度、低成本、智能化、高可靠的运作。

8.3.2　全 IP 化

目前长途核心网中，IP/MPLS 核心路由器被广泛地应用，以提供高质量的 IP 互联网和 IP VPN 专线业务。LH DWDM 负责为 IP/MPLS 核心层提供大容量的传送带宽。城域网中，Metro Ethernet 和下一代 SDH 网是主流方式。为解决光纤趋紧和 GE 调度问题而广泛采用 WDM 网络。在这种背景下，TDM 和 IP 长期并存。这会带来许多问题，所以运营商都在期待建立一个统一的面向全 IP 化架构的传送网。

互联网技术（IP 技术）一开始就秉承"人人参与"的理念，及"端到端透明性"核心设计原则。为人们提供了一个"智能终端+傻瓜网络"的交互式信息网络。它具有成本低、建设快、适应性强、扩容方便等优点，深受人们重视。此外，它还具有开放性、对等性、公平性以及去中心化的特点，这些都是人们所期望的。互联网的广泛应用带给人们最深刻的印象是：信息海量性、服务无界性、用户交互性、广泛群众性、个人自主性。因而在信息技术融合的大背景下，通信网全 IP 化是理所当然之事。这也是 ICT 的重要特征。

全 IP 化网络是泛指，它包括各个层次。受欢迎的传送网应具有对未来业务的良好适应性，以及良好的性价比。

全 IP 化不仅仅需要，而且也是可能的。以 OTN 技术为核心的 NG WDM 是承载网面向全 IP 化演进的关键技术。OTN/WDM 具备波长和子波长级别的可调度、可保护，有 Mesh 组网能力的波分网络，可有效支撑核心网对带宽、组网、效率和可靠性的要求。

OTN 兼有传统传送网的优点而且又扩展了新的能力和领域。能实现大颗粒 2.5G、10G、40G 业务的透明传送，通过异步映射能同时支持业务和定时的透明传送，支持带外的 FEC，支持对多层、多域网络连接监视等。

OTN 集传送和交换能力于一体，是承担宽带 IP 业务的理想平台，具体体现在以下几个方面。

① 更高传送容量：单波长带宽扩展到 10G/40G，系统传送和交叉容量达几十 Tbit/s。

② 多业务适配和带宽效率：能提供更高容量和带宽效率的映射和封装结构 ODU（Optical Data Unit），使 OTN 既能前向兼容 SDH/SONET、ATM 业务，又能高效承载 IP/MPLS、Ethernet、存储和视频等大颗粒业务。

③ 端到端的业务连接和高的 QoS 保证：提供任意波长和子波长业务的交叉连接、业务疏导、管理监视和保护倒换，提供从城域到长途干线无缝的端到端的连接。

④ 电信级的自动保护/恢复能力：为多层、多颗粒的网络提供低于 50ms 的自动保护倒换。专有或共享保护覆盖了光纤、波长组、波长和子波长等不同级别，可以显著降低数据网络在保护方面的投资。

⑤ 对 WDM 的优化：传统的波分复用设备包括点到点的 WDM 和城域 OADM 环网，本

质上是扩展容量的线路复用技术，而不是组网技术。换言之，WDM 不具有业务疏导和端到端的业务提供能力，而添加了 OTN 功能的 WDM 网络才成为真正意义上的光网络。

⑥ 能够成功融合多种先进技术：OTN 作为框架技术，可以融合目前的多种技术，如 40G、ROADM、可调谐激光、ASON/GMPLS 技术。特别是 OTN 和 GMPLS 的融合，已成为构筑 IP over Optics 理念的实现手段。

⑦ 光纤网络的管理者：结束数据设备直连方案对光纤的快速消耗，实现对光纤网络的集中管理、有效监控和合理利用。

构筑面向全 IP 化的宽带传送网（BTN），需要集中多种新技术，如 WDM、ROADM、40G/100G 线路传送，ASON/GMPLS、集成的 Ethernet 汇聚能力等。OTN 成为整合多种技术的框架技术。OTN 为 WDM 提供端到端的连接和组网能力；为 ROADM 提供光层互联的规范，并补充了子波长汇聚和疏导能力；有能力支持 40G/100G 线路传送能力，是真正面向未来的网络；为 GMPLS 的实现提供了物理基础，扩展 ASON 到波长领域；成为 Ethernet 传输的良好平台，是电信级以太网竞争力的方案之一。

8.3.3　智能化

城域网的传输速度越来越快、宽带越来越宽、承担的业务越来越多、网络越来越复杂。特别是 IP 业务呈爆炸式增长，及其突发性和不确定性，这样就迫切需要网络具有良好的自适应能力和自动管理能力。因此，创建智能化网络势在必行。所谓智能化网络就是让网络具有人的智慧和能力，自动地进行网络管理和控制。智能就是网络自身能够动态地、自动地完成光交换，建立端到端的信道，或拆除和修理某些信道，当网络出现故障时能够自动诊断和恢复，即网络具有智能化的特点为此，ASON 及 MPLS 等技术应运而生。这些技术对解决网络的智能化起到了关键性作用。

ASON 在第 7 章中已作了详细介绍，这里只对 MPLS 作重点阐述。

IP 技术作为网络第三层协议的统治地位已是不可动摇。然而也存在着传输效率低、QoS 无法保证的问题。为了克服这种不足和满足动态资源配置和高速组网的应用需求，光网络层应具备智能化。则可在开放的通信网络上，利用标签引导数据流高速、高效的转发与传输。

MPLS 是基于 ATM 中信元交换思想和高速分组转发技术建立起来的一种快速交换技术。在数据包的前面加上固定长度的一个标签（标记），但不对 IP 数据包的内容作任何变动。这个标签被预设一个虚电路，实现点到点的连接，这个虚电路称为标签交换路径。在 MPLS 网络中，多协议标签交换机只是根据这个标签来对数据包进行处理。这样就加快了交换机查找路由表的速度，减轻了交换机的负担。同时也使得基于无连接的 IP 交换变为面向连接的包交换，从而提高了交换或转发的速度，也改进了服务质量。

MPLS 网络的交换机（交换路由器）分为边缘交换机和核心交换机。通过标签分配协议（LDP），预先为 MPLS 边缘交换机建立直达的数据连接。在数据通信过程中，中间核心交换机只根据标签路由表完成信元交换功能。IP 数据包在核心交换机转发的过程中只做第二层的交换，因而加快了数据包转发的速度，减少了时延和时延抖动，增加了网络的吞吐能力。

信息交换的具体过程是这样的：当一个分组进入 MPLS 网络时，边缘交换机首先解析分组头，根据解析出的信息，将具有相同目的地址、相同转发路径和相同服务等级的分组划归为一类，即等同转发类（Forward Equivalence Class，FEC），并为该类分配一个标签贴在该分组前面，再将该分组转发到下一跳。下一跳标签交换机则根据分组前面的标签进行查表，决定下一跳的路由，用新的标签取代旧的标签并往下转发。如此下去，当到达出口的边缘标签交换机时，将接收到的分组去掉标签，然后按照一般的 IP 转发方式，根据分组头的地址信息转发到其他的 IP 路由器中进行传递。

图 8-2 是 MPLS 的帧格式。为能够在数据包中携带标签栈的信息，需引入栈字段。在多协议标签交换的环境中，即在以太网和点到点链路上采取填入方式封装。于第三层、第二层协议头之间填入，与两层协议无关。因此被称为 GMPLS 封装。图中 S 为标签符，TTL 为生存期，CoS 为业务等级。

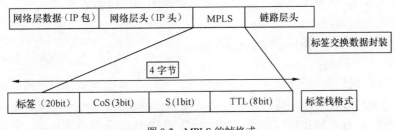

图 8-2　MPLS 的帧格式

由于路由器的服务质量和转发速度一般都比 ATM 交换机差，在网络中尽量减少路由器的使用数量，多使用交换机。在多协议标签交换网络中，网络内部多使用增强功能的 ATM交换机，即 ATM 标签交换路由器（LSR），在网络边缘使用边缘标签路由器，以提高速率和服务质量。

边缘标签路由器的作用是将进入 ATM 网络的分组指定一个标签，并将标签编码到虚通道识别符/虚信道识别符（VPI/VCI）字段上。指定了标签的分组转换为 ATM 信元后就被映射到 ATM 虚通路，此时只根据标签进行转发，而不再根据 IP 地址转发。当信元离开网络出口时，边缘标签路由器将标签去掉恢复复原分组。

在整个网络内的运行，标签交换路由器相互之间发送标签请求或告知标签含义，并按照LDP 的有关规定交互和处理各种信息。路由器依赖标签分配协议来获得网络拓扑信息，并完成节点之间标签信息的发布。标签交换路由器可利用该协议将网络层的路由信息直接映射到数据链路层的交换路径，这就形成了跨越这个 MPLS 网络的标签交换路径。

这里须指出，在 MPLS 标准中，没有规定只能使用某一种标签分配协议。因此，凡是能提高交换速度和效率的标签交换都可用于 MPLS 网络，如时分复用级、分组级、波长级，甚至光纤级等。因而我们称为通用多协议标签交换，即 GMPLS，或称为广义的多协议标签交换。

8.3.4　网络拓扑从环形网向网状网演进

目前我国大多数城域网都是环形网，这种网络结构虽然有许多优点，但也有明显的不足。

与环形网相比，网状网有更多的优点。前者适合话音业务，有自愈功能。缺点是不能满足数据业务爆炸式增长所需带宽，以及不能快速动态带宽配置，不能有灵活的 QoS 机理。后者的优点是：①提供多种保护和恢复方式，网络生存性高；②所需备用容量小，资源利用率高；③扩展性好，便于升级和维护；④易于实现端到端的电路调度和保护；⑤快速提供各种业务；⑥可分区分步骤向光网络演进，充分发挥智能光网络的优势。

8.4 城域网的技术路线

在 8.1.1 小节中已讲到，城域网所能采用的技术有四种可供选择。然而根据我国现有的城域网状况，以及从技术性和经济性综合考虑，我们认为基于 SDH 多业务传送平台以及基于光纤以太网的城域网方案较为理想。当然都要充分利用光网络的优势。

8.4.1 基于 SDH 的多业务传送平台

SDH 制式已在我国大部分城域网中普遍应用，无论是基础设施建设、网络建设，还是运营、维护、管理等，都有良好的基础。这是必须要充分利用的优势。然而 SDH 设计的初衷是针对语音业务的，面对电信业务日益快速的数据化和 IP 化就显得力不从心。如何使其尽快适应多业务化环境，特别是要满足海量化数据业务快速的增长是当务之急。于是就产生了下一代 SDH（NGSDH）技术，它是以多业务传送平台（Multi-Service Transport Platform，MSTP）为代表的。

当前，基于 SDH 的 MSTP 技术已成功解决了传统 SDH 系统不能适应数据业务带宽动态变化的需要，并继承了多业务支持能力，兼容现有庞大的 SDH 设备。MSTP 采用了通用成帧规程（GFP）、LCAS、弹性分组环（RPR）和 MPLS 等新技术新标准后，已能有效地支持各种数据业务，既拓宽了业务又降低了成本。这已成为今后一个时期的主导技术。其主要思路是将各种业务通过虚容器（VC）级联等方式映射进 SDH 的不同时隙，而 SDH 设备与层二、层三乃至层四分组设备在物理上集成为一个实体，从而不仅仅缩小了设备体积、降低了功耗，还大大地加快了速率并改善了网络扩展性。同时也能提供 VPN、视频广播等增值业务。尤其是在集成了 IP 选路、以太网、帧中继或 ATM 后，通过统计复用和超额订购业务，使 TDM 通路的带宽利用率大为提高，并减少了局端设备的端口数量，从而使 SDH 设施最佳化。这样，SDH 多业务节点可方便地完成协议终结和转换功能，实现网络边缘多种业务功能，并将其协议转换成其特有的骨干网络协议。

多业务传送平台技术，将传送节点与业务节点在物理上融合为一体，从而构成多业务节点。具体实施时是将 ATM 边缘交换机、IP 边缘路由器、终端复用器、分插复用器、数字交叉连接设备节点等和波分复用器设备融合为一个实体，统一控制和管理，以适应多业务环境的需要。

MSTP 大规模商用，它很适合城市传送网，兼顾 TDM 业务与 IP 业务的承载需求。同时使城域传送网从基础承载网向业务网转变，即从技术导向型网络转向应用导向型网络。

MSTP 技术是由我国几家通信设备公司提出，并于 2002 年 2 月得到审批的。最初主要提供 Ethernet 和 ATM 两种数据，虽然技术上不太先进、效率也不是很高，但却占领了大部分市场。主要原因是应用决定市场。这种技术建设和维护成本低，符合运营商要求，是技术、功能与成本的折中选择。

8.4.2　基于以太网的城域网方案

众所周知，由于以太网是一种简单而又标准的技术，具有建设速度快、成本低、易扩展、高可靠、良好的性价比等优越性，已在社会上得到广泛的应用，是绝大多数企事业单位主要的接入手段。以太网是异步工作方式，很适合处理 IP 突发数据流。而现在的以太网在技术上有许多重大突破与改进，如 LAN 交换、星形布线、大容量 MAC 地址存储等的成功。尤其是从共享媒质转向了枢纽或星形结构并采用 LAN 交换后，在很大程度上隔离了计算机之间的信息，并实现了以太网的全双工传输，避免了链路带宽的竞争与碰撞。全双工光纤连接还延长了传输距离。这些优势都为以太网的应用范围向城域网乃至广域网的扩展创造了良好的条件。

以太网还由于以下优势，而在城域网中将成主流技术之一。首先，它是一种与媒质无关的承载技术，无论在金属线缆或光缆上都能透明的传输。其次，以太网的速率范围广，有 10Mbit/s、100Mbit/s、1Gbit/s，以及 10Gbit/s，应用方便。而且 10Gbit/s 与 SDH 的 10Gbit/s 可实现互操作，从而成为跨越局域网、城域网、广域网的统一的开放平台。最后，以太网端到端的解决方案，避免了一般网络边缘处要进行协议终结及格式变换的麻烦，因而减少了网络的复杂性。鉴于上述情况，以太网在城域网当中的应用出现了空前的火暴，下面介绍几种具体方案。

① 弹性分组环（Resilient Packet Ring，RPR）。它吸收了以太网和 SDH 网的优点，根据不同的物理层，又可分为基于 SDH/SONET 的 RPR 和基于 WAN/LAN 物理层的 RPR。正因为如此，它更倾向于支持承载数据业务，而对 TDM 的支持相对较弱。其成本接近万兆以太网。由于它是为单个物理环或逻辑环设计的 MAC 层技术标准，因此在跨环时必须终结，实现跨环业务的端到端管理能力不足，必须配合其他技术，这就给网路建设及运维工作带来困难。

② 城域网多业务环（MSR）。MSR 构建于 ITU-T X.87 标准之上，属于一种新型二层冗余协议。该协议可以说是对 RPR MAC 层的优化版本，同时加入了多种倾向于电信级的特征，因此得到运营商的初步应用。MSR 主要目的是以较低成本实现现有网络的改造和新建网络模型，构建创新型的电信级以太网多业务平台（Carrier Ethernet Multi-Sevice Platform，CESP）。它很好地应用于环形结构，也支持链形、星形结构，可支持热插拔、热倒换和在线升级等。在保证 QoS 前提下，以较低成本实现数据业务、话音、视频等多种业务，因此深受欢迎。

③ 虚拟专用局域网服务（Virtual Private LAN Service，VPLS）。利用其技术搭建电信城域网的技术主体，已有规模性应用。IETF 开发初期定位于 MPLS 运营网络和以太网之间的衔接上。以满足运营商从骨干到接入之间的汇聚和承载需求。由于在二层网络上采用复杂的三层协议建立信令，且协议栈层次过多，使成本太高，而不易大范围采用。

④ 运营商骨干网传输技术（Provider Backbone Transport，PBT）。它基于 802.1ah 标

准，是在运营商骨干网桥（Provider Backbone Bridge，PBB）标准之上改进而来。从成本上看，由于 PBT 是以伪运营商以太网（MAC 再次封装）形式使得以太网数据帧能快速有效地在骨干网上传输，因此它有效地结合了以太网和 MPLS 的特征，容易使运营商节约成本，但只能支持环形网。对突发性和大规模业务应用能力弱，适合流量相对稳定的城域网建设。

⑤ 以太网自动保护交换（Ethernet Automatie Protection Switching，EAPS）。这是目前较为成熟但应用前景不明朗的技术。它的特点是成本较低，接近于以太网，但 QoS 差距较远。

综上所述，目前电信级城域以太网技术正处于演绎繁华阶段，各种技术都占有一定市场，究竟谁能胜出还有待实践考验。

然而，原先的以太网是为局域网应用而设计的，在扩展到电信级城域网应用时有一些不足。例如，以太网原先为企事业单位内部的网络，缺乏安全机制和必要的网管能力，也不能提供实时业务所需的 QoS。此外，由于网径扩大到城域网或广域网时，长距离传输的实践还没有过，以上这些问题都需要妥善解决。

正如前文所述，城域网技术还有基于光复用的光网络和基于 ATM 多业务平台的。这些技术单独的作为城域网技术都有严重的不足，需要辅以其他技术才能应用，而且代价太大。我们不再详述。

当前被公认的城域网技术有三大主流：下一代 SDH/SONET、吉比特以太网，以及以 DWDM 为核心的光网络。然而随着技术的不断进步和各种技术的演进与融合，将来城域网的主体应是全 IP 化+光网络。这是城域网发展的总趋势。

8.5　结　尾　诗

总之，城域网及其特点是：

城域网是大节点，广域网上连成网。

四通八达通全国，构筑骨干是基业。

城域网络最典型，网络结构有三层。

骨干汇聚是核心，还有边缘接入层。

业务种类最齐全，信息流量趋骨干。

网络技术要标准，交换容量最高峰。

最大难题是成本，施工难度也难啃。

城域网络何处去？多条出路任你选。

下一代 SDH，MSTP 为代表。

吉比特以太网，性价也是浪优良。

虽然出路有争议，光化 IP 无异议。

第 9 章　无源光网络在宽带接入网中的应用

开篇诗　接入网的表白

> 网络半径我最小，大名就叫接入网。
>
> 接入网络是门户，连接用户千百万。
>
> 无源网络定乾坤，经济效益是首选。
>
> 宽带方便价低廉，服务周到赚大钱。
>
> 下代网络要看准，光纤到家是终点。

接入网是一切信息进出网络的必经之通道，是信息通信网络与用户直接相连的关口，因而接入网必须满足以下要求：第一，必须承担全业务，并能方便地容纳新业务；第二，由于线路的共享用户少，必须低廉；第三，必须方便、快捷、QoS 有保障。本章将系统地讨论接入网的有关问题，重点介绍无源光网络在接入网中的应用。

9.1　概　　述

根据 ITU-T G.902 建议，接入网定义为：由业务节点接口（SNI）与相关用户网接口（UNI）之间的一系列传送实体（如线路设施，传输设施等）所组成，为传送电信业务提供所需传送承载能力的实施系统，可通过 Q_3 接口进行配置和管理。

图 9-1 是接入网的架构。图 9-1（a）是接入网的界定，图 9-1（b）是传统接入网结构。从图 9-1（a）可知，接入网简单地说就是 SNI 与 UNI 之间的网络。它的主要功能是复用与解复用，以及传输。通常情况下没有交换功能。参考点 V 和 T 之间的传输线路称为接入数字段或接入链路。

接入网的种类很多，而宽带接入网主要有五种：光纤接入网、光纤同轴混合网（HFC）、金属缆宽带接入网（xDSL）、以太网宽带接入网以及无线宽带接入网。这里主要讨论光纤接入网。

光纤接入网也称为光纤用户网。它是采用光纤传输技术的接入网。泛指本地交换机或远端交换模块与用户之间采用光纤通信技术或部分采用光纤通信技术的网络。它由许多光纤用户传输系统所组成。鉴于这种定义，接入网中视光纤线路终端位置有许多具体做法，光纤到路边（FTTC）、光纤到小区（FFTZ）、光纤到大楼（FTTB）、光纤到办公室（FTTO）、光纤到家庭（FTTH）等。

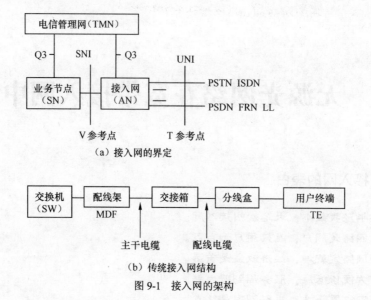

（a）接入网的界定

（b）传统接入网结构

图 9-1　接入网的架构

由上述内容不难理解，光纤接入网与长途干线网和市话中继网相比具有以下特点。

① 光纤接入网不含有交换机设备。

② 光纤接入网的网径较小，其用户传输系统的传输距离一般为几千米到十几千米。因此，一般情况下不需要中继机。但在用户数量大的情况下，需要用光放大器作光功率分配中的补偿。

③ 光纤接入网中光电设备及用户终端设备种类复杂、数量多。

④ 传输的速率一般较低，而且多数是双向不对称。接入设备共享的用户数有限。

⑤ 光缆的含纤数量大，从几十到上千，而且要求体积小、结构微型化、柔软、便于施工等。

⑥ 光纤接入网中使用的光有源器件与光无源器件数量多品种齐全，器件性能从一般到高档次几乎全都使用。

⑦ 光纤接入网是多功能传输、多媒体通信的基础，是实现"信息高速公路"的关键网络。

⑧ 光纤接入网建设投资大。

除此之外，还有线路施工复杂、难度大、网络管理困难等特点。

9.2　无源光网络的架构及工作原理

9.2.1　无源光网络的架构

图 9-2 是无源光网络（PON）的网络架构。从局端的光线路终端（OLT）到用户侧的光网络单元（ONU）之间的光网络，即光分配网络（ODN），由于是光无源器件（主要是光分路器）所构成，所以称之为无源光网络。光分路器就是通常所说的功分器。根据需要可分成许多支路，即出现各种分支比：$1:n$，$n = 6$、8、16、32、64，等等。因而就自然而然地形

成了树状网络，这是主流的网络形式，当然还有其他形式。

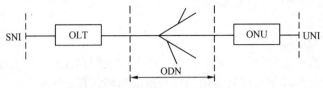

图 9-2　无源光网络的网络架构

由以上网络形式可以看出，该网络结构具有以下优点。

① 网络的有效工作寿命是很长的，因为网络中没有有源器件，且全部是光纤器件。

② 同其他网络结构相比，结构比较简单，可节省大量光纤，而且没有其他的设施及电源系统，因此建设成本和维护成本较低。

③ 网络的稳定性和可靠性很优良。

④ 带宽很大，速率可以很高，QoS 有保障，对所有光信号是透明的。

鉴于以上优点，无源光网络已成为光纤接入网中最具竞争力的一种网络形式。

9.2.2　无源光网络的工作原理

从 OLT 到终端用户为下行传送，采用的是广播式时分复用（TDM）技术，而上行传送是采用的时分复用多址（TDMA）进行传输的。图 9-3 是下行传输原理。

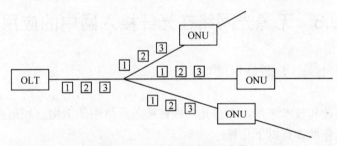

图 9-3　下行信息流量管理示意图

OLT 将发送的信号传送给所有的 ONU。每个 ONU 根据帧的识别符只接收属于自己的信息，而丢弃其他的信息。但是，上行传送的信号及接收就复杂得多。在信号汇聚于同一根光纤中时，要严格按照预先设定的时序组成一定的帧结构。即每个 ONU 发送的上行信号一定要准确地插入属于自己的时隙当中。同时在 OLT 光接收时，要能及时地达到同步，以便将混合信号分离开。其工作原理如图 9-4 所示。

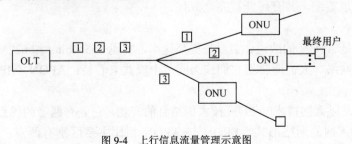

图 9-4　上行信息流量管理示意图

9.2.3　上行传输中的关键技术

（1）精确的测距技术

为了保证 OLT 的正常接收，必须精确测出各个 ONU 与 OLT 之间的逻辑距离，调整各个 ONU 发出信号的时延，以便确保其发出的信号准确地插入指定的时隙。

（2）上行突发同步

上行信息流是一种突发数据流，接收中必须在开头的几个比特时间内迅速建立起比特同步，这就是要实现突发同步接收。

（3）上行突发光接收

由于各个 ONU 至 OLT 之间的距离差别较大，各个 ONU 发出的信号衰减也不一样。因此，在 OLT 接收过程中判决门限也不一样。这需要使用突发模块的光接收机对每个上行突发信息流快速建立判决阈值。实际上专门使用了若干前导比特用于建立光功率接收判决阈值。

（4）带宽动态分配

为了支持不同的 QoS 和提高信道的利用率，OLT 设备还必须具有高效的上行接收控制协议和带宽动态分配功能。这在技术上有一定的难度。

以上是基于 PON 的光纤接入网中共有的关键技术。它对整个网络的正常高质量运行是极其重要的。

9.3　无源光网络在光纤接入网中的应用

9.3.1　网络的基本类型及其演变

随着时代的变迁和技术进步，无源光网络在接入网络中的应用已经形成一个系列，通常以 xPON 表示，具体地讲有以下几种：

（1）APON

APON 是 ATM 技术与 PON 技术相结合的产物。它以 ATM 作为链路层协议，用 ATM 承载所有业务。它是公认的一种宽带交换技术，而且是面向连接的，为宽带综合业务数字网（B-ISDN）的复用和交换技术。它能提供灵活的带宽分配并允许网络承载从窄带到宽带的各种业务，并有良好的 QoS 保证。在早期的城域网中，APON 有广泛的应用。虽然 APON 兼有 ATM 和 PON 两者的优点，然而由于 ATM 技术比较复杂且成本较高，对数据业务又力不从心，所以市场出现萎缩，并有可能被完全取代。

（2）BPON

BPON 技术是 APON 的改进，主要是提高速率，实现 155Mbit/s 和 622Mbit/s 传输，所以称为宽带无源光网络。人们通常把它们作为同一个模式来看待：APON（BPON）。

（3）EPON

EPON 技术是以太网技术与 PON 技术相结合的产物，它兼有两者的优点。目前应用最广泛的一种宽带接入网的网络形式。EPON 与 APON 相比主要区别有两点：一是传输速率不同，APON 是 155Mbit/s 和 622Mbit/s；而 EPON 是 100Mbit/s 和 1 000Mbit/s，均可采用对称与不对称的传输形式；二是两者的帧结构不同，APON 以信元组成帧结构，而 EPON 是以所覆盖的光网络单元的信息组成帧结构。EPON 对于数据业务得心应手，而对于实时性业务存在不足，在 QoS 方面也不尽如人意，所以就出现了 GPON 等新的网络形式。

（4）GPON

GPON 的概念与标准是由全业务接入网(FSAN)联盟首先提出的，目的就是要建设成一个全业务的带宽更大的宽带接入网，速率在 Gbit/s 量级，所以称之为 GPON。由于其底层封装采用的是通用帧结构（即通用成帧协议，GFP），所以能满足各种业务的承载需要。其支持的业务速率如表 9-1 所示。

表 9-1　　　　　　　　　　　　　　　**GPON 支持的业务速率**

速 率 等 级	1	2	3	4	5	6	7
下行速率（bit/s）	1.244G	1.244G	1.244G	2.488G	2.488G	2.488G	2.488G
上行速率（bit/s）	155M	622M	1.244G	155M	622M	1.244G	2.488G

由该表可知，GPON 概括了 APON 和 EPON 的传输速率。GPON 除了支持 SONET/SDH 的基群数据速率外，还支持 EPON 的 1.244Gbit/s 数据速率，而且比其更高，可达 2.488Gbit/s。众所周知，155Mbit/s 很容易复接成 2.488Gbit/s，但是要把 155Mbit/s 的 SDH 速率复接成 EPON 的 1.244Gbit/s 就不是容易的事。所以 EPON 不是全业务的，GPON 才是真正的全业务网络。

（5）吉比特以太网无源光网络

吉比特以太网无源光网络（GEPON）是 EPON 的新发展，它集高速数据、视频及语音业务于一体，是综合接入技术的新贵。它同样具有网络结构简单、成本低、便于维护管理等特点，而且有更高的速率。目前每台 OLT 设备可支持多达 256 个 ONU，提供 8Gbit/s 的下行速率和 4Gbit/s 的上行速率。在 ONU 数量允许的情况下，每个 ONU 能够保证 10～100Mbit/s 的接入能力。这可以满足用户日益增长的带宽需求。

（6）GPON 与 EPON 相融合的网络结构

为了实现兼顾 GPON 的规范性、管理功能的完善性、各厂家设备的互通性以及 EPON 的简单、开放、低廉的优点。烽火科技提出将两种结构融合的网络结构，具体方案有三种：①在 OLT 光口处，将 EPON 和 GPON 二者信号汇集于同一根光纤中传输，在用户端进行自动识别，按用户的需要给予不同的信号；②在 OLT 的背板处进行融合，二者信号分别由不同的光口输出，分别进行传输，在用户端根据用户需要提供不同的信号；③在 OLT 的背板分别插上 EPON 和 GPON 机盘，采用 WDM 方法进行传输，如图 9-5 所示。

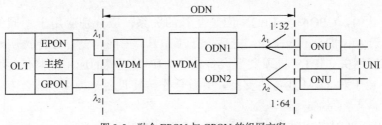

图 9-5　融合 EPON 与 GPON 的组网方案

9.3.2 xPON 系列的比较

当前在宽带接入方面，ADSL2、VDSL 以及 VDSL2 仍是主流技术。但是，这些技术满足不了距离较长带宽更大的要求。而 PON 技术带宽极大，传输距离又长，成本也不高的许多优点，使得其备受关注并迅速发展。至今已形成系列技术：xPON。现将其性能作一个系统的比较，供业界参考。

GPON 与 BPON（APON）的比较：GPON 继承了 BPON 的很多基本特点，如使用同样的 OLT 核心技术、同样的物理光纤设施和光功率预算等。但是 GPON 采用了一些新技术，如 GFP 封装，前向纠错等。GPON 不仅提供 10Mbit/s、100Mbit/s、1Gbit/s 的业务，还能提供 VLAN 业务和语音业务。从总体看 GPON 是运营商驱动的，速率达 2.4Gbit/s，具有通用的映射格式，可适应任何的新老业务；具有丰富的 OAM&P 功能，对 TDM 业务也很灵活，而且高效、低开销传送，可帮助运营商从传统的 TDM 语音电路向全 IP 化网络平滑过渡，其缺点是保留了复杂的 ATM 层功能，成本较高。

EPON 与 GEPON 两者的主要优点是，从结构上看极大地简化了传统的多层重叠网络结构，主要有以下特点：①消除了 ATM 和 SDH 层，从而降低了初始成本和运营成本；②下行速率高达 1Gbit/s 以上，允许支持更多用户，实现综合业务和具有较好的 QoS；③硬件简化，不需要室外电子设备，安装部署也相应简化；④可采用以太网成熟的芯片，降低了成本；⑤改进了电路的灵活指配和业务的提供与重配置能力。

EPON/GEPON 的主要缺点是：效率低和难以支持以太网以外的业务。由于其采用 8B/10B 的线路编码，引入了 20%的带宽损失，再加上其他开销，负荷仅 50%。APON 和 GPON 都采用 NRZ 扰码为线路码，没有带宽损失。再加上承载层效率、传输汇聚层效率、业务适配效率等因素，使 EPON/GEPON 总传输效率很低，约为 GPON 的一半。

以上技术所面临的共同问题是：①如何在 Ethernet/GFP 上有效承载 TDM 业务并能保证有电信级的 QoS；②由于 GPON 和 EPON/GEPON 都是点对多点的星形或树形网络，要经过一个 1+1 的不同路由的光网络来实现电信级的保护恢复，从而使成本大大地提高；③其成本目前主要取决于光模块和核心控制模块的芯片，价格大幅度下降还需要一个时期；④它们都属于一种次性投资模式，而且投资大，不大适合电信传统的投资方式。

GPON 与 EPON 都是吉比特 PON 系统。GPON 更着重多业务和 QoS 保障，其技术完善，标准完整，但成本较高，产业链不完备。而 EPON 技术不够完善，标准不完整，但成本较低，产业链完备，目前是市场的主角。虽然 GPON 的技术完整，产品已达商业水准，但限于成本实际上应用得较少，一旦价格下降到可接受的程度，其将会得到迅猛发展。

烽火科技认为，GPON 与 EPON 应是互补的关系，应分别应用于不同的场合更为合适。EPON 推崇 Any Thing over IP，更适合于 FTTH，三网合一，方便透明地与用户家中的计算机、家庭网关、IPTV 机顶盒等设备相连。IP 大规模的应用能降低运营商的建网成本。而 GPON 由于对 TDM 业务的支持，更适合作传输设备来使用，适合专线以及中继传输等。

现将主要的 xPON 技术性能比较汇编成表 9-2 以供参考。

表 9-2　　　　　　　　　　　　　**xPON 系列的性能比较**

xPON 系列 性能状况	APON（BPON）	EPON	GPON	GEPON
技术标准	G.983 系列	IEEE802.3ah	G.984 系列	
下行速率（bit/s）	155M 或 622M	1.25G	1.244G 或 2.488G	1.244G
上行速率（bit/s）	155M 或 622M	1.25G	155M、622M、1.244G 或 2.488G	1.244G
上下速率对称性	对称或不对称	对称	对称或不对称	对称
线路码	NRZ	8B/10B	NRZ	8B/10B
封装形式	ATM	Ethernet	ATM,GEM	Ethernet
传输距离	20km	10km(20km)	20km	10km(20km)
分路比	1:16	1:64	1:128	1:128
各种因素引起的系统的效率				
线路编码效率	100%	80%		
PON 的 TC 层效率	96%	98%	99%	
传输协议效率	90%	97%	100%	
适配　{ T1	98%	72%	96%	
效率　　Data	80%	63%	94%	
系统的总效率				
10%TDM,90%Data	70.68%	48.59%	93.26%	
20%TDM,80%Data	72.23%	49.28%	93.46%	
30%TDM,70%Data	73.79%	49.96%	93.65%	
目前市场占有份额	市场已萎缩	占市场的绝对主流	刚刚起步	开始试水

　　由表 9-2 可知，从技术层面上看 GPON 最优：①速率高，服务区域大，能长期满足用户对带宽日益增长的需要；②传输质量高，QoS 有保证，系统稳定可靠；③在相同条件下效率最高，这意味着每比特的成本最低，从长远观点看，经济优势会逐渐显露出来的；④GPON 是全业务的。若从经济观点比较，则 EPON 最好。成本低，占据目前的主导市场。

　　这里须强调指出，EPON 与 GPON 都处于发展之中，都在不断完善，孰优孰劣只是相对而言。由于其技术和应用都在同一个接入网领域，所以相互取长补短、共同发展、长期共存才是可取之道。即使是其中一个被淘汰，那也是一个漫长的过程。

9.4　下一代宽带光纤接入网技术

　　随着社会信息化的快速发展和人们对带宽需求的快速增加，普遍认为 EPON/GPON 已不能满足用户的需求，预计在最近若干年内，由于经济的快速发展和人们物质文化生活的提高，用户数量不仅会猛烈增长，而且宽带需求也会猛增，特别是在三网融合的大背景下，

IPTV、高清视讯、3D 电视等的快速发展与普及，估计每用户的带宽需求在 60～100Mbit/s。为满足市场需求，先后开发出许多有关下一代宽带光纤接入网技术，这里着重介绍几项最重要的技术。

（1）10G EPON

10G EPON 技术发展很火暴，为下一代宽带接入技术的首选，并且已开始商业化。10G EPON 是目前 EPON 技术的新发展，不改动 MAC 层控制协议，仅重新定义物理层规范，将上下速率提升到 10Gbit/s。这种技术具有非常明显的优势：①可使已大量建设的 EPON 系统平滑升级为 10G 系统，为运营商网络提升节省大量投资，而且可借鉴原有的经验和管理模式；②10G 系统使每用户的带宽提高了 10 倍，能保证用户几年后的带宽需求；③兼容性好，烽火通信开发出分路比为 1:256 的 10G EPON 接入平台，支持对称和非对称的工作模式，支持 EPON/GPON/10G EPON/WDM PON 的混插模式，实现不同速率 ONU 的共存和统一管理；④产业链构建发展迅速，芯片（ASIC）、光模块、传输设备等在一年左右的时间内就基本上形成了完整的产业链，而且已开始小规模商用，其效果良好。同时，还由于市场的快速发展，10G EPON 技术的成本也随着大规模的商用正在迅速降低，这一切都显示出该技术具有良好的发展前途。

（2）波分复用无源光网络

波分复用无源光网络（WPON）是又一个很有发展前途的下一代宽带接入技术。为避免单波长 TDM PON 系统在高速率（10Gbit/s 或更高）时光突发收发的技术难题（见 9.2.3 小节），采用 WDM PON 技术比较合适，它具有成本较低、技术上相对容易的优点，而且可解决不同技术路线 PON 的融合问题。其复用的波长数可根据需要灵活设计。这种技术具有最佳带宽保障；对速率和业务完全透明，能实现多业务融合；系统有很高的安全性等显著特点，这也是被业界重视的原因。

（3）混合波分时分复用无源光网络系统

混合波分时分复用无源光网络系统（HPON）兼有以上两种技术的优点。它在 EPON/GPON 的 OLT 与 ONU 之间插入波分复用系统，可将多个 PON 单元通过 WDM 技术复用到一根光纤中进行传输。该技术既利用 EPON 的时分复用实现点到多点的用户接入，又利用波分复用技术成倍提高单纤通信容量，因此该系统可显著提高单纤接入用户数及用户带宽，并能大幅度降低网络扩容升级的建设成本。烽火通信在国内率先研制成功"低成本的多波长以太网综合接入系统（λ-EMD）"，实现了业界首款单纤 32 波长的波分时分混合型无源光网络。其中每波长支持 1:64 的分路比，传输距离在 20km 以上。方便实现综合业务接入，实现了我国下一代宽带光纤接入技术的新跨越。

由于接入网具有很大的市场，各个国家的相关公司都非常重视，对下一代宽带光纤接入技术展开了空前剧烈的竞争，竞争的锋芒直指占据技术的制高点和市场的霸主地位。国内在该领域的研发形势和市场推进相当不错。第一，FTTH 在相当多的城市进行了小规模的商用试点，并取得了社会的认可。第二，基于 FTTH 室内布线的 ODN 解决方案，已由烽火科技全面解决。相关的光纤光缆、光模块以及元部件配套设施业已齐全，能够快速提高光纤入户进程。第三，在 10G EPON 的标准化和系统设备的研发与应用方面，中国具有世界领先水平，烽火通信专家已参与 IEEE 802.3av 10G EPON 标准的主编。第四，国内几家大型公司（如烽火、中兴、华为等）的产品，已开始进入国际市场。

9.5　宽带接入技术的发展方向

宽带接入技术发展的总趋势是：宽带宽、全业务、电信级的 QoS、低成本、建设与运维都方便。鉴于经济、技术以及需求的多方面的原因，宽带接入技术将长期呈现出多种技术共存共融的局面，但是无源光网络将占据主导地位。EPON 的应用已有相当大的规模，是目前的主产品；GPON 开始规模应用，有很大的市场空间和发展前途；而关于下一代光纤宽带接入网技术，目前正处于研发阶段或试商用阶段，规模应用估计还需一段时间，但其具有巨大的吸引力。ADSL2＋/VDSL2 由于其价廉，又能满足当前许多用户的需求，在近几年内仍有一定的市场份额。华为公司的 ADSL2＋下行速率可达 25Mbit/s，上行达 3Mbit/s，已有较高水平。VDSL2 主要用于短距离的高速接入。这些技术在宽带接入的发展历程中，起到历史性作用。随着 FTTH 技术的普遍应用，其历史性作用将逐渐减弱。

WLAN/WiMAX 是宽带接入的重要补充手段。WLAN 是家庭联网的主要方式，能方便地实现灵活接入；而 WiMAX 可提供移动宽带接入服务，用于市郊和农村。这些技术是宽带接入不可缺少的一种补充。

总之，宽带接入技术是以无源光网络为核心的，它的发展和完善将直接决定 FTTx 的发展，这已是业界的共识。

9.6　结　尾　诗

以上较为系统地介绍了接入网，重点讨论了无源光网络的应用，我们对此应该有如下的认识：

接入网络是门户，信息进出必有路。

业务种类花样多，技术设备要万能。

光进铜退大方向，无源网络最优良。

GPONE、PON 比高低，比来比去无第一。

宽带网络要加速，下代网络要提前。

10G EPON 已问世，竞争局面展眼前。

哪种技术被认可？实践检验说了算。

业务全能质量好，廉价快捷又方便。

抓住根本去发展，赢得市场赚大钱。

第 10 章　光纤以太网

开篇诗　以太网显神通

> "以太"原是虚构物，其网实在又优良。
> 以太网络优点多，物美价廉受青睐。
> 局域网乎全以太，因时因技放异彩。
> 接入城域以太化，光纤以太打天下。
> 适逢好景好年头，以太网络显神通。

局域网是计算机网络技术中最为重要的一部分，而以太网（Ethernet）是局域网的一种典型的网络结构，在局域网中的应用占有绝对的地位。以太网是一种"价廉物美的网络技术"，有着广泛的应用。随着技术的不断进步，其网络本身的优势得到快速发展，致使其应用领域迅速扩展。目前在接入网中有较大规模的应用，而且在城域网中也开始有可观的应用，预计将来还可能在广域网中得到应用。因而，以太网技术的重要性不言而喻。

10.1　概　　述

什么是以太网呢？以太网是一种基于载波监听多路访问/冲突检测（Carrier-Sense Multiple Access with Collision Detection，CSMA/CD）协议的局域网。该协议定义在 IEEE802.3 之中，工作在 MAC 层，图 10-1 是以太网协议层次模型与开放系统互联（OSI）模型的关系。

以太网是一种最流行的网络技术，其本身具有许多突出的优点，它的结构简单，易安装开通，成本较低，可扩展性好，可靠性高，具有优良的性价比。常用的网络结构有两种，一种是用一条无源总线将所有网内用户连接起来进行通信的局域网，也称总线局域网。图 10-2（a）是 10BASE-2 细缆线以太网的网络结构。每个节点（站点）由计算机及网卡等组成。网卡主要是实现 MAC 层及物理层功能。线缆两端是防止信号反射的终端器。另一种是 10BASE-T 双绞线的星形以太网结构，如图 10-2（b）所示，整个网络以集线器（Hub）为中心。以太网是美国施乐（Xerox）公司于 1973 年研制成功的，并用历史上表示传播电磁波的以太（Ether）命名。后来，这个技术规范被称为 IEEE802 工程。

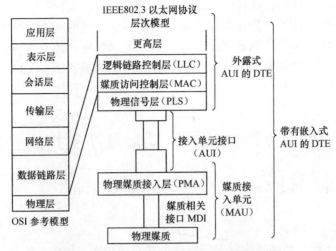

图 10-1　以太网协议层次模型与 OSI 模型的关系

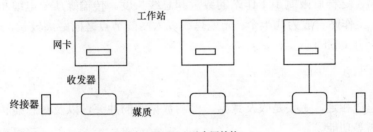

（a）10BASE-2 以太网结构

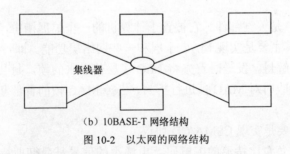

（b）10BASE-T 网络结构

图 10-2　以太网的网络结构

以太网随着技术的不断进步和社会需求，先后经历了多个重要阶段。

① 1973 年，美国施乐公司研究成功了世界上第一个局域网络，速率为 3Mbit/s。

• 1980 年，第一个以太网规范诞生。

• 1982 年，成立了 3 个委员会：802.3 对应于以太网（CSMA/CD）；802.4 对应于令牌总线；802.5 对应于令牌环。

② 1990 年，IEEE 通过使用非屏蔽双绞线（UTP）以太网标准 802.3i，从而使桌面系统很快得到普及应用。

③ 1993 年，交换式以太网方案出台。

④ 1995 年，快速以太网（100BASE-T）标准 802.3u 产生。

⑤ 1997 年，以太网的全双工与流控机制标准 802.3x 被 IEEE 推出。

⑥ 1998 年，吉比特以太网标准 802.3z 被 IEEE 推出。

随着计算机和通信技术的快速发展与融合，众多的局域网（以太网）借助于电信网相互联结起来，构成跨国界的计算机网络集合，这就是因特网。随着数据业务飞快的发展，IP 宽带数据网得到空前的快速发展，速率从几 Mbit/s 发展到今天的 Gbit/s 级，而且还在不断的提升。

10.2 以太网的构成、功能及所支持的业务

以太网的构成如图 10-2 所示。这里详细介绍其组成和功能。

1. 传输媒质

以太网的每个工作站都通过收发器与一条公共总线相连，每个站的信号驱动器应能驱动网内所有接收器，这样就限制了工作站的数量和总线长度。传输媒质分电缆和光缆两种。电缆总线距离短，工作站一般为几十个；光缆总线以太网的节点之间距离较长，速率可以很高，达几百 Mbit/s 至几 Gbit/s。

2. 收发器

收发器与总线相连，主要是收发数据，检测数据帧的冲突，以及对总线和总线接口之间的电气进行隔离等功能。

3. 网卡

网卡又称适配器，是关键部件。它被置于计算机的一个扩展槽中，并与收发器相连，收发器再和总线相连。其主要是实现 MAC 子层和一些网络层功能。即

① 数据的装封与解封。发送时首先将 LLC 子层传送来的帧，封装成带有地址和差错校验功能的 MAC 帧。接收时对 MAC 帧进行拆封，去掉 MAC 帧的首部和尾部，再送交给 LLC 子层。

② 链路管理。主要是实现 CSMA/CD 协议。

③ 编码与解码。负责比特流的编解码，电缆上的信号是曼彻斯特码，光纤上的信号是 mBnB 码。

4. 工作站

是使用者的可编址设备，如计算机、工程工作站等。

以太网是最卓越的网络之一，它能够替代其他的传输协议和架构，如 ATM、帧中继、SONET/SDH 等，还可与这些协议联合使用。以太网的业务部署和开通相对较容易，而且成本低廉。以太网在实际应用中具有很大的灵活性，可以和多种基础架构和协议共同使用。可在现有的 ATM 体系上提供以太网业务；在下一代 SDH 网络中，通过通用成帧规程（GFP）在其通路上传送；以太网还可以用本征的格式在暗光纤中或复用光波上进行传输。此外，还能实现动态带宽分配，根据需要对带宽进行调整。以太网服务的方式可概括为四个类型：①私有服

务，即传送网一条或多条链路为单个用户服务，由于是面向连接的，所以带宽有保证；②虚拟私有服务，与前者相似，但带宽没有保证；③专线服务，即在传送网两个节点之间用一条链路为单独用户服务；④局域网服务，单个用户服务由传送网中至少两个节点之间的一条或多条以太链路承载，可以在服务中增减以太链路。以太网的这些优势，使得所支持的业务种类繁多，具体讲有以下方面：

- 以太网专线；
- 以太网虚拟专线；
- 以太网虚拟专用 LAN；
- LAN 扩展业务；
- 透明 LAN 业务；
- 虚拟专用 LAN 业务；
- 以太网专用 LAN；
- 虚拟专用租用线业务；
- 以太网租用线业务；
- 以太网中继业务。

另外，以太网还可提供一些增值业务：

- 以太网因特网接入；
- 以太网上传输视频流；
- IP 电话（VoIP）；
- 存储区域网络（SAN）。

总之，随着技术的进步和社会需求，以太网的服务方式及所支持的业务还会不断增加。

10.3 以太网的 CSMA/CD 协议

以太网是如何工作的？为了减少线路资源的消耗，在传递信息时应尽量采用共享信道技术。通过公用信道将所有用户连接起来，这种技术称为多点接入或多点访问。为了防止在一个信道中两个或多个用户发送信息时产生冲突（即碰撞），就需要采用一些方法加以避免。具体来说有两种方法：受控访问和随机访问。受控访问是指各个用户接入信道时必须遵从一定的控制，而随机访问则指用户可随时接入发送信息。现分别介绍如下。

（1）受控访问

受控访问技术中有两种控制方法，集中控制与分散控制。集中控制是主机依一定顺序逐个询问各用户是否有信息发送。若有，则该用户可立即发送信息并占用线路，否则主机再询问下一个用户，如此轮询，实现集中控制。在环型网中采取的是分散控制方法，用一个令牌的特殊帧，沿环路从一个用户（站）传递到下一个用户，只有持有令牌的用户才能发送信息。信息发送完后，令牌传给下一个用户，如此循环下去进行通信，这种方法又称为令牌传递环。

（2）随机访问

随机访问中，为了防止信息碰撞，多采用 CSMA 和 CSMA/CD 方法。这种方法的具体施实是这样的：在局域网中，一个站点可以检测到其他站点是否在发送信息，从而调整本站是否发信息。当别的站点不发信息时，本站可立即发送信息，这样就可避免信息发生碰撞。网络站点侦听载波是否存在（即有无信息传输）并作出相应动作的这种协议称为载波侦听协议。这种协议特别适合于共享媒质网络，在同一时刻只允许一个节点（站点）发送信息。

采用 CSMA/CD 机制的以太网收发数据的工作流程如下。

① 发送过程。当 MAC 层接收到 LLC 层发来的数据后，首先监测网络中是否有载波（信号），若无，则把数据装帧后经物理层发送出去。

② 接收过程。当站监视到帧到达的信息后，信道为非空闲状态，接收器开始接收信息，并查找标记 MAC 帧的起始前导码和帧起始定界符。如果接收到的帧长比预定长度小，则说明该帧是冲突后的碎片，应丢弃它。若接收到的帧满足最小长度要求，再对目的地址进行检查，如果地址不匹配，也丢弃它。若匹配，再进行 CRC 校验，若帧校验有效，则说明接收成功，否则说明接收失败，报告错误状态，重新发送，直到接收成功为止。

10.4　以太网的媒质接入控制帧格式

当需要发送信息时，以太网的 MAC 层把 LLC 层传送来的数据按照一定格式再加上一定的控制信息，经物理层发送出去。MAC 层发送的数据格式就称为 MAC 帧格式，如图 10-3 所示。

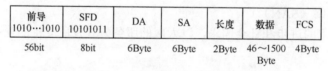

图 10-3　以太网 MAC 帧格式

以太网的帧格式包括 6 个域。

① 前导域及帧起始定界符。前导域由 56bit 交替出现的"1"、"0"序列所组成，当节点接收到这样的序列时，便知道数据帧的到来。这种设置的目的是使接收节点的物理层能够恢复出数据的位同步时钟。帧起始定界符（SFD）紧随前导域，它由 10101011 序列构成，是同步域。这两部分的作用是识别与控制。

② 目的地址（DA）域。它标示接收节点的地址，由 6Byte 组成。在局域网中，每个节点的物理地址是唯一的，而且其组播和广播的地址也是固定的。只要收到的数据帧的目的地址与本节点一致，即可接收。

③ 源地址（SA）域。它标示信号发出的地址，也是由 6Byte 组成。

④ 长度/类型域。它由 2Byte 组成，标示数据域的有效长度和类型。

⑤ 数据域。它是上层送交来的要求发送的实际数据，该域长度被限制在 46～1 500Byte 之间。

⑥ 校验（FCS）域。它由 4Byte 组成，为前面的从目的地址域到数据域经过 CRC 算法计算得到。接收节点依上述 4 域进行相同计算，计算结果与收到的 FCS 域一致，则表明传输无误。

10.5　以太网的时间槽与冲突域

时间槽与冲突域是以太网的两个相关重要概念。时间槽是指单个 CSMA/CD 网络来回的迟延，它决定了网络的最大长度。因为用于保证一个站点能够探测到冲突的时间是由整个网络的来回迟延所决定，而一个最小帧的发送时间必须大于该 CSMA/CD 网络的来回迟延，否则发送站点在接收到可能产生于网络另一端的冲突信号之前就已经发送完最小帧，并认为接收到的是别的冲突碎片，在这种情况下，发送站点是不可能重传的。只有在时间槽内检测到冲突（称为窗口内的冲突）时，发送节点才会自动重发。因此，要求在发送帧的同时能够检测到媒质上发生的碰撞现象，就必须限制发送帧的最小长度。若形成帧的长度小于最小长度（512Byte，即 4 096bit）则必须在帧后面添加扩展位，使其满足最小帧长度的要求。这样就能在时间槽内检测到冲突，发送节点启动自动重发。重发的次数最多为 15 次。对于单个 CSMA/CD 网络，在一个冲突域内，所有站点将共享发送和接收信道，同一时间只能有一个站点发送数据包。通常由中继器（共享式）连接而成的 CSMA/CD 网络称为单个冲突域。而连接在网桥（转发式）及以太网交换机的不同端口上的 CSMA/CD 网络称为不同的冲突域。

采用帧扩展技术可获得较大的网径（地理跨距），然而会造成系统带宽的浪费。为此在 IEEE802.3z 标准中定义了一种帧突发技术，使得一个站能够连续发送多个帧。当一个站具有

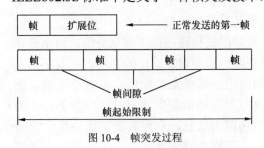

图 10-4　帧突发过程

突发功能并需要发送多个短帧时，该站可先发送第一帧（有扩展位），若发送成功，则可连续发送其他帧，直到总长度达到 1 500Byte 为止。此过程中媒质始终处于"忙状态"。为避免在帧间隙中插入其他站的帧而中断本站发送，可在帧间隙插入非"0"、"1"数字符号，如图 10-4 所示。这种帧突发技术仅用于半双工模式，以适用发短帧的需要。对全双工模式不存在帧突发需求。

10.6　局域网互联设备

以太网相互联接及与其他网络互联时，需要一些设备才能实现，这里介绍如下。

1. 中继器

局域网的中继器与通信系统中的中继器的功能完全一样，对传送信号进行放大、变换、整形，然后再发送出去。图 10-5 是其功能结构示意图。由图可知，中继器要完成物理层的功能。若两个局域网的 MAC 及物理层相同，中继器的功能就只是信号放大

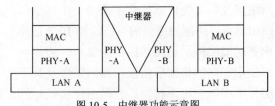

图 10-5　中继器功能示意图

及整形。若物理层不同，中继器还要完成适合再传输的物理信号变换。中继器的这种功能使传输距离大大地延伸。

2. 桥接器

桥接器的功能是在 MAC 层完成对两个局域网上 MAC 帧的变换与转发，实现两个局域

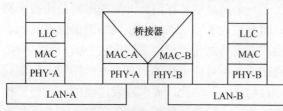

图 10-6　桥接器功能示意图

网的桥接，如图 10-6 所示。桥接器连接的两个局域网必须采用相同的 LLC 协议，而 MAC 协议可以相同也可以不同。若相同，则桥接器完成帧的过滤与转发。所谓过滤就是识别该帧的目标地址域是否存在。若目标地址是 LAN-B 上某节点的地址，桥接器则把该帧转发过去，否则就不转发。当两个局域网的 MAC 协议不同时，桥接器还要完成两种帧格式的变换。

由此可知，桥接器既可隔离两个局域网又可连接两个局域网。然而，由于技术的进步，这种网桥设备已从市场上被淘汰，取而代之的是性能更加优异的以太网交换机。

3. 路由器

路由器（Router）是网络中的关键设备之一，在 OSI 模型中处于第三层，即网络层。其功能是实现网络之间的互连和隔离。其路由动作主要是寻径和转发。寻径即判定到达目的地的最佳路径，由路由选择算法来实现。转发即沿寻径好的最佳路径传送信息分组。路由选择的方式有两种：静态路由和动态路由。静态路由是在路由器中设置固定的路由表。其不会发生变化，一般用于网络规模不大、拓扑结构固定的网络。其优点是简单、高效、可靠。在所有的路由中，静态路由优先级最高。当动态路由与静态路由发生冲突时，以静态路由为准。动态路由是网络中的路由器之间相互通信，传递路由信息，利用收到的路由信息更新路由表的过程。它能实时地适应网络结构的变化。如果路由有更新信息，则表明发生了网络变化，路由选择软件就会重新计算路由，并发出新的路由更新信息。这些信息通过各个网络，导致各路由器重新启动其路由算法，并更新各自的路由表。动态路由适用于网络规模大、网络拓扑复杂的网络。当然，各种动态路由协议会不同程度地占用网络带宽和 CPU 资源。路由器在网络层完成两个网络之间的互连。它将接收到的分组信息按路径选择并进行转发，若两边网络层协议不相同，则还需要完成不同网络协议的变换。因此，路由器是网络设备，而不是局域网范围的设备。我们所说的局域网是一个物理网，它只涉及物理层和链路层的相关内容。当一个局域网上运行了网络层及以上协议后，它才成为一个网络。路由器可以实现网络间的互连。图 10-7 是路由器功能结构示意图。路由器要求两边局域网使用相同的传输层协议，而网络层及其下

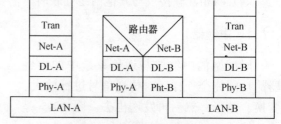

图 10-7　路由器功能结构示意图

层可以相同也可不相同。若网络层协议相同，路由器只是完成路径选择与转发。否则还要完成网络协议的变换。

常用的路由器有两种：LAN/LAN 与 LAN/WAN。前者用于局域网之间或互联网子网之间的互连；后者用于局域网子网与广域网之间的互连。由于路由器能把互连的子网之间很好地隔离开来，所以它很适合中、大规模的网络间互连。路由器连接许多子网构成的大网称为互联网，因特网就是一个互联网络，是千千万万个子网通过路由器连接起来的国际集成。

由于多媒体、视频等业务在网络中的发展，传统的路由器已不能满足人们对路由器性能的要求，传统的路由器在转发每一个分组时，都要进行一系列的复杂操作，包括路由查找、访问控制表匹配、地址解析、优先级管理以及其他的附加操作。这一系列的操作大大影响了路由器的性能与效率，降低了分组转发速率和转发的吞吐量，增加了 CPU 的负担。新一代路由器使用转发缓存来简化分组的转发操作。在快速转发过程中，只需对一组具有相同目的地址和源地址分组的前几个分组进行传统的路由转发处理，并把成功转发的分组的目的地址、源地址和下一网关地址（下一路由器地址）存入转发缓存器中。当其后的分组要进行转发时，首先查看转发缓存，如果该分组的目的地址和源地址与转发缓存中的匹配，则直接根据转发缓存中的下一网关地址进行转发，无须经过传统的复杂操作，这样既节省了时间又大大减轻了路由器的负担，达到了提高路由器吞吐量的目标。

4．以太网交换机

以太网交换机（Switch）实质上是改进的局域网桥，不过与传统网桥相比，它具有更多的端口、更优的性能、更强的管理功能以及更低的成本。其工作原理是：检测从以太网传送来的数据包源地址和目的地址（MAC），然后与系统内置的动态查找表进行比较，若发送数据包的地址（DA）与表中的某个地址相同，则立即向对应的端口转发；若站表中无相应的地址，则向所有允许转发的地址转发。若某一端口收到帧的源地址（SA）不与该表中任一源地址相匹配，则将该源地址与端口的对应关系加到动态表中。这个过程就称为"自学习"。

从源到目的端口传送数据包有两种交换方式。

（1）直通方式

直通（Cut Through）方式是指当交换机输入端口检测到一个数据包时，首先检查包头并取出目的地址，通过动态查表换算出相应输出端口，然后将数据包转发到该端口输出，从而完成交换工作。这种方式的优点是延时小，交换速度快。缺点是不能提供检错能力，无法实现高低速端口之间的数据交换。

（2）存储转发方式

存储转发（Store and Forward）方式是指首先将输入进来的数据包缓存起来，然后检查循环冗余检验码（CRC）是否正确，并过滤掉冗余包错误和冲突包错误，确定包正确后取出目的地址，通过查表转换成想要发送的输出端口地址，然后将包发送出去。这种交换方式的优点是，能提供检错能力，并支持各种速率端口之间的交换。缺点是延时较大。

由于人们对宽带的期望，早期的简单连接和数据传输功能的以太网交换机已成过去，必须向高速、智能化、多功能化方向发展。

速度是衡量网络性能的一个重要指标。人们对带宽要求迅猛增加，存储网络必需的海量数据传输通道，大量高带宽汇聚的城域网，丰富多彩的高带宽应用的接入网与局域网，金融机构的数据集中管理；企业内部的综合管理等，使得过去的吉比特为骨干、百兆为接入的主流模式逐渐被淘汰，万兆为骨干吉比特为接入将成为主流。

交换机智能化又是一个重要要求。随着应用范围的不断扩大，业务种类也越来越多，从而使得网络越来越复杂，管理难度不断增加，这就要求交换机必须智能化。智能交换设备对网络集中管理，不仅简化了管理步骤，也降低了部署和维护成本。目前网络厂商更加注重交换设备的管理性能和功能的融合、多种 QoS 策略、单一 IP 地址管理、远程控制等功能，这已成为交换机不可缺少的重要特性。

此外，以太网交换机越来越多地融入路由功能。早期的观念，只是把交换机看做局域网的设备，把路由器看做广域网和城域网的设备。现在已绝然不同，随着 ASIC 技术、网络处理技术以及 IP 技术的发展，以太网交换技术已跳出当年的"桥接"框框，具有路由器的许多功能，而被广泛地应用于广域网和城域网中。路由器所具有的丰富网络接口，目前在交换机中业已实现，路由器中拥有大量的路由协议，在交换机中也得到了应用；路由器中具有大量路由表在交换机中也可实现。

总之，随着时代的变迁和技术的飞速发展，即使在技术领域，许多概念与观念也必须跟着变，这是时代的要求。正因为如此，以太网已从局域网框框一下子跳入电信级以太网的广阔天地。

10.7 快速以太网

以太网先后经历了共享集线器、10Mbit/s 和 100Mbit/s 交换式以太网，以及 10/100Mbit/s 自适应以太网等发展阶段。这说明了以太网能够平滑地升级，向高速率扩展。快速以太网（即 100Mbit/s）就是从低速率演变而来，这就是通常所指的 100Base-T。它相对于 10Mbit/s 以太网来说，保留了所有旧的分组格式，接口以及程序规则，只是时位从 100ns 减少为 10ns，而且快速以太网系统都只采用集线器。两者相比也存在一些重要差别，如图 10-8 所示。

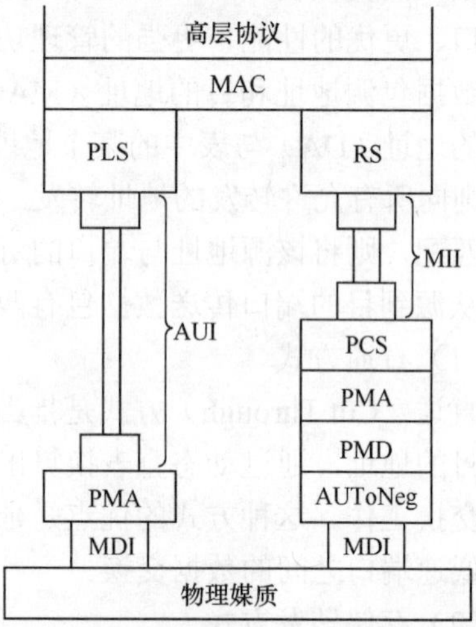

（1）媒质无关接口

100Mbit/s 以太网中的媒质无关接口（Media Independent Interface，MII）取代了 10Mbit/s 以太网中的 AUI，减弱 MAC 层对各种 PHY 层的依赖。从而支持 3 类、4 类、5 类无屏蔽双绞线（UTP）、100Ω

图 10-8 10Mbit/s 及 100Mbit/s 以太网 DTE 层次模型

屏蔽双绞线（STP），以及光纤等媒质。与 AUI 所采取的位串行接口不同，MII 的数据通路修改成发送和接收方向上都采用一个 4 位（半位元组）接口，从而降低所需频率（从 100MHz 降到 25MHz），还能兼容 10Mbit/s 速率。并在 MAC 和 PHY 之间还附加了专用报错和管理信号功能。

（2）增加了协调子层（RS）

位于 MAC 层和 MII 之间的 RS 层，提供了在原始以太网 MAC 和 MII 之间的映射，其中 MAC 只提供位串行接口，而 MII 可提供一个具有半位元组宽度的发送/接收接口。

（3）改变物理层编码并实现全双工操作

由于曼彻斯特编码在高频下易受电磁干扰和射频干扰，所以改为不归零（NRZ）编码，即采用分组码。100BASE-T 标准制定了全双工运作，从而不存在冲突碰撞问题，因而可支持更大的物理拓扑结构。

以上是两者的主要差别，除此之外还有一些其他不同。

10.8　吉比特以太网

为满足人们对宽带宽迫切的需求，IEEE LAN-MAN 标准委员会的 802.3 工作组制定出了 IEEE802.3z 标准。即吉比特以太网标准，这个标准是基于快速以太网技术的，然而在性能上大大优于快速以太网。其传输和访问速度更快，有效地扩展了带宽并强化了功能，能够聚集下层交换机并提供超高速交换路径，能够使主服务器资源与各分支设备共享，能够支持更多的网络分段和节点，使网络规模有效扩展，它采用原以太网 MAC 层帧格式，能兼容 10/100Mbit/s 以太网，因而，吉比特以太网能低成本地提升园区主干网而备受人们的欢迎。

吉比特以太网在 MAC 层定义了一个媒质无关接口（Gigabit Media Independent Interface，GMII），还定义了管理、中继器操作、拓扑规则及四种物理层信令系统：1 000Base-SX（短波长光纤）、1 000Base-LX（长波长光纤）、1 000Base-CX（短距离屏蔽铜缆，150Ω，线速 1.25Gbit/s，8B/10B 编码）及 1 000Base-T（100m 4 对 5 类 UTP）。

吉比特以太网系统由交换机、上连/下连模块、网卡、路由器以及缓存式分配器等构成。缓存式分配器是全双工、多端口的类似于集线器的设备，可将两个或工作在 1Gbit/s 以上的链路连接起来，并把分组转发到除源链路以外的其他所有链路上，转发前可以加以缓存，提供共享带宽。

吉比特以太网分为 MAC 子层和 PHY 层两部分，MAC 子层实现 CSMA/CD 媒质接入控制方式和全双工/半双工处理方式，帧格式与长度与 IEEE802.3 标准相同。但 PHY 层是不同的，它包括编/译码、收发器、媒质，以及 PHY 层与 MAC 子层的逻辑接口。图 10-9 是吉比特以太网的体系结构与功能模块。由该图可知，吉比特以太网可分为四类：1 000Base-LX、1 000Base-SX、铜缆系统以及 UTP 电缆系统。

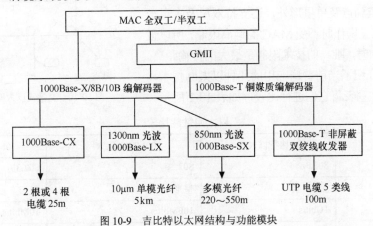

图 10-9　吉比特以太网结构与功能模块

吉比特以太网也设置了自动协商机制，它提供两种独立的自动协商机制，一种是用于 1 000Base-X 系统的，对链路两端的全双工或半双工操作及对称或非对称操作作自动协商配置；另一种是对 1 000BaseT 系统的，它沿用了 UTP 的自动协商协议，并包括对数据速率等的协商。

吉比特以太网由于拓扑结构的限制，再加上以 1 000Mbit/s 速度工作的基于 CSMA/CD 协议的半双工网络在吞吐量和性能方面的限制，通常不用中继机，而采用性价比合理的交换机。

10.9　交换式以太网

共享式以太网由于受到媒质访问控制方式及碰撞域的制约，存在许多不足之处。

① 受 CSMA/CD 制约，碰撞域的带宽是固定的，10Mbit/s 以太网系统的带宽是 10MHz，100Mbit/s 以太网系统的带宽为 100MHz。

② 在一个碰撞域系统中，若有 N 个站点，每个站点的平均带宽为系统带宽的 $1/N$，站点数多，即 N 越大，则每站点的带宽越小。

③ 在一个碰撞域内，每一时刻只允许一个站访问运行，而大量的其他站点被闲置，因此网络运行效率太低。

④ 系统中的数据流是以广播方式发送的，所以安全性和保密性差。

为克服这些不足，交换式以太网得到迅速发展。它以交换型集线器为核心，连接各站点和网站，构成多通道多端口网络，不再受 CSMA/CD 媒质访问控制协议的约束，如图 10-10 所示。交换器各端口之间具有多个数据通道，站与站、站与网站、网站与网站之间都有数据通道相连，而且端口之间帧的进出不再受 CSMA/CD 媒质访问控制协议的制约。这种结构的以太网，最大优点是不受 CSMA/CD 的约束，系统的带宽不受速率限制，而且得到拓展。最大带宽可达到端口带宽×端口数 n，n 越大则系统带宽越大。端口可直接连接站点、连接网段。端口间既隔离又连通，从逻辑上讲相当于一个受控的多端口开关矩阵。在正常情况下，一个端口只能对一个端口发送帧（广播、组播除外），一个通道只能进行单向数据传输（全双工除外）。交换器最多可激活 10 个数据通道。

交换式吉比特以太网支持的拓扑结构除了共享式以太网所支持的点到点及单星形外，还支持双星及多星形结构。由于全双工操作时不受 MAC 的距离限制，所以设计交换式以太网时，唯一的技术限制是最大的传输距离。

以上我们介绍了当前普遍应用的几种以太网技术，这里我们总结并列表将它们进行比较，如表 10-1 所示。

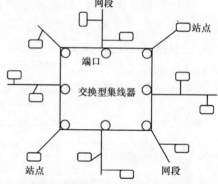

图 10-10　交换式以太网结构示意图

表 10-1　　　　　　　　　以太网性能比较

	吉比特以太网	100Mbit/s 以太网	10Mbit/s 以太网
IEEE 标准	802.3z	802.3u	802.3i/j
拓扑结构	星形	星形	星形
传输速率	1Gbit/s	100Mbit/s	10Mbit/s
传输媒质	STP、MMF、SMF	5 类 UTP、STP、MMF、SMF	3、4、5 类 UTP、MMF
最长传输媒质段	STP：100m MMF：350m SMF：3km（全双工） 5km（半双工）	UTP、STP：100m MMF：2km SMF：40km	UTP：100m MMF：2km

续表

	吉比特以太网	100Mbit/s 以太网	10Mbit/s 以太网
编码	8B/10B	4B/5B 代码，NR21 编码	曼彻斯特码
帧结构	帧扩展、突发技术	IEEE802.3 标准	IEEE802.3 标准
CSMA/CD	均符合 IEEE802.3		
时间槽	半双工 5.12μs（512bit/s）全双工不受限制	5.12μs（512bit/s）	5.12μs（512bit/s）
交换技术	支持	支持	支持
全双工技术	支持	支持	支持

注：UTP：非屏蔽双绞线；STP：屏蔽双绞线；MMF：多模光纤；SMF：单模光纤；F：光纤。

10.10　10GE 光以太网

当前随着因特网的快速普及，以及电子政务、电子商务的迅速发展，人们对带宽的需求越来越大。另外，绝大部分用户的内部网络为以太网，目前的接入网迫使用户必须购买昂贵的路由器来连接电信接入网，协议转换带来了大量的额外开销。此外，在 IP 技术完全占领局域网的情况下，第二层数据映射到第一层的带宽管理上有明显的缺点，在数据进入骨干网时（为TDM 规律），其颗粒度可能为 E1、E3、STM1、STM4 等，这就导致传输带宽的很大浪费。再有，以太网虽然优点很多，但从电信角度看，仍有很大的缺点：①不能提供端到端的包延时和包丢失率的控制，不能控制用户的上网流量和带宽，QoS 没有保证；②安全性与可靠性较差，如不能分离管理信息和用户信息，不具有故障定位、性能监视以及对用户认证等能力。

为解决上述问题，并将传统的以太网真正应用于电信环境，光以太网（Optical Ethernet ）的出现使其迎刃而解。其核心思想是将光网络的巨大容量与可靠性和以太网的简便、低成本、易扩展性有机结合起来，为电信运营商提供有力的支持。

光以太网将光网络的优势和以太网的优点相结合，在软件支持下实现智能化，这样不仅在接入网中得到广泛应用，而且在城域网中也将显示出强大的生命力，甚至还可能拓展到广域网中。目前所知，城域网中光以太网有三种承载方式：最常见的是光以太网 EoF（Ethernet over Fiber），支持 10Mbit/s～10Gbit/s速率，传距可达 70km；第二种是 EoRPR，采用双环结构，两个环能同时传输数据和控制信号，RPR 可跨越数千 km 的地域；第三种方式是 EoDWDM，主要用于核心网。

1999 年 IEEE 成立了 802.3HSSG（High Speed Study Group）小组，专门研究 10Gbit/s以太网标准，即 802.3ae。其分层体系结构如图 10-11 所示。由于 10GE 是原来的以太网速率的扩展，它继承了以太网功能模型中二

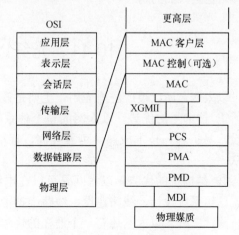

图 10-11　10Gbit/s 以太网体系结构

层 MAC 的功能，与低速率业务不同的是物理层的差别，即低速的以太网业务在铜缆上传输需 CSMA/CD 等协议，而 10GE 是在光纤上传送。

10GE 标准的目的是试图将传统的以太网技术应用于城域网，甚至广域网。因而其标准的制定应满足以下要求：

① 技术上可行；

② 能兼容以太网所有的业务速率；

③ 在技术上是独一无二的；

④ 性价比优异。

为使 10GE 有更广泛的应用场合，其标准与传统以太网技术还是有较大差别，主要有如下几点。

① 10Gbit/s 以太网有两种物理层。10Gbit/s 既可用于 LAN 又可用于 WAN。由于工作环境不同，要求也不同，如时钟抖动、误码率、QoS 等。为此制定了两种物理媒质标准。这两种物理层的共同点是共用一个 MAC 层，只支持全双工，不使用 CSMA/CD 协议，以光纤为媒质。在局域网环境时支持 802.3MAC 全双工方式，MAC 时钟可选 1Gbit/s 或 10Gbit/s 方式的时钟，帧格式不变。兼容 10/100/1 000Mbit/s 速率，网径可达 40km。在广域环境时，采用 OC-192c（对应 STS-192c）帧格式在线路上传输，其速率为 9.584 64Gbit/s，所以 10Gbit/s 广域以太网 MAC 层有速率匹配功能。MII 接口提供 9.584 64Gbit/s 的有效速率，比特误码率为 10^{-12}。并利用 OC-192c 帧格式和最少的段开销与现有的网络兼容，当使用单模光纤时可传输 300km，若用多模光纤，可达 40km。

② 帧格式的修改与速率的匹配。为了兼容以太网的所有业务，需采用以太网的帧格式承载业务，为使其与骨干网实现无缝连接，需在线路上采用 OC-192c 帧格式，这样就需在物理层实现以太网帧到 OC-192c 帧的映射功能。同时自动添加特殊的码组起到帧起始定界符和帧结束定界符。为此需要对 MAC 帧格式进行一定的修改。并调整 LAN 的数据率 10Gbit/s 与广域 9.584 64Gbit/s 传输速率相匹配。

总之，从当前制定的标准来看，10Gbit/s 以太网不仅具备了广域网传输的基本功能，而且实现了与 SDH 传输网络的互连互通。因此，能够实现从局域网、城域网到广域网的无缝连接，这也是人们的初衷。

10.11 光纤以太网的发展方向

以太网之所以被广泛地应用，主要是该技术有许多独特优势。

① 技术上的优势。以太网的整个体系结构非常简单，兼容性好，易规划，易设计，易建设，易扩容，技术成熟，可靠性高，标准完善。无论是系统供应商还是终端用户都颇为喜欢。

② 结构上的优势。以太网是可以在电缆、双绞线、光纤三种媒质上传送信息的信息网络。这给系统设计、线路建设、线路维护带来极大方便性和灵活性，同时也降低了成本。

除此之外，以太网还有一个潜在的优势，那就是可能成为唯一的真正能够实现端到端的解决方案。如果局域网、城域网、广域网全部为以太网技术的话，即实现网络各层次为一种技术，那么，网络边缘的格式转换将不存在，这不仅为网络设计、网络建设带来方便，而且会显著降低成本，并给网络管理带来许多好处。

在结束本章讨论之际，将以太网的发展方向概括如下。

① 以光纤为媒质向高速率发展，10GE 是当前的最高传输速率。若要进一步提高速率，需从两方面着手，一是将速率进一步提高，从 10GE 提高到 100GE；一是与 WDM 技术相结合，并充分利用全光网络的优势，这不仅必须而且完全可能。近些年来，以 WDM 技术为核心的光网络技术，在广域网得到大规模的应用，而且这种技术已成功拓展到城域网，并且已是城域网的核心技术之一。随着接入网的快速发展，以 WDM 技术为核心的光网络技术正在慢慢地向接入网渗透；另外，以太网技术正在从局域网快速地向接入网扩张，并且在城域网中的应用也得到肯定，并有可能拓展到广域网中。一个是向下渗透，另一个是向上扩张，两者的完美结合必然会产生出相不到的最佳结果。

② 面向全业务的以太网应支持 IP 业务，全 IP 化是所有通信技术发展的必由之路之一，当然以太网技术也不能例外。特别是近些年来，IP 技术快速发展与普及，使得数据业务成为主要的通信业务。全 IP 化是当今技术融合的主流。

③ 与 SDH/SONET 技术兼容，实现互连互通。这是因为 SDH/SONET 技术独霸广域网，同时又是城域网的支柱技术，只有与其兼容才能得到快速发展与普及。

④ 以太网交换机要发生重大变革。以太网交换机是以太网的核心，原先只是纯二层的存储转发，后来逐渐发展成三层交换，再发展成多层交换，不断适应新的发展需要。在物联网、云计算快速发展的今天，作为网络承载的重要设备，以太网交换机必须适应新的技术发展需求。这就是要满足高带宽化、虚拟化、多业务、绿色环保等重要要求。

• 为满足海量数据的传输，以太网交换机的高带宽化是必备条件之一。吉比特接入万兆骨干的网络结构已是发展定局。早先提出的百兆接入吉比特骨干已不合时宜。能支持高密度的万兆接口已是以太网交换机的必经门槛，100G 接口的高性能交换机，将是大型数据中心的最佳选择。

• 虚拟化也是交换机的必备条件之一。中兴公司的做法值得借鉴，他们对高端交换机采取智能虚拟化架构设计，实现控制平面和数据平面所有信息的冗余备份和无间断转发。同时通过跨设备链路聚合技术，实现多条上行链路的负载分担和冗余备份，极大地提高了虚拟架构的可靠性和链路资源的利用率。从而简化了网络管理，提高了运营效率，并降低了运维成本。对于中低端交换机，可采取超级扩展堆叠技术（Super Extendable Stacking），使多台交换机形成分布式交换机系统，既扩展了交换容量和端口密度，又分散了投资，还可按需组合。

• 多业务并保障差异化服务质量是交换机追求的另一个目标。现在的技术已能完全实现这一目标，因为路由器中丰富的网络接口、丰富的路由协议、大容量的路由表等都可在交换机中应用，这为交换机的多业务承载奠定了坚实的技术基础。

• 绿色环保是整个信息技术行业追求的另一个重要目标。以太网交换机数量大，降低能耗有重要意义。为此，可通过精心设计、精心选材、智能风扇调速、智能化电源等一系列措施确保降低能耗。

总之，以太网的光纤化、超带宽化、虚拟化、全业务、兼容性、绿色环保等是其主要发展方向。

10.12 结 尾 诗

从本章内容，我们知道了以太网络是一种很优良的网络，其基本理念和技术，正在快速地向其他网络渗透，若有可能，那将会是一种奇迹：

以太网络优点多，期求网络撑大栋。

如果网络以太化，成本最低就属她。

统一制式好管理，建设维护都容易。

这种理想不现实，一旦实现出惊奇。

第11章 家庭网络

开篇诗 快乐的网络生活之歌

家庭网络使人变，生活过得真坦然。
不愁吃来不愁穿，躺在沙发享清闲。
遥控装置手中拿，指挥电气变变变。
夏天室温好清凉，冬天室内暖洋洋。
千里之外能见面，可视电话聊家常。
无线上网真方便，天下事儿在眼前。
得心应手去购物，点击交易在手边。
娱乐学习任意选，IPTV呈面前。
若有身体不舒服，医疗保健随时看。
家庭安防有监控，出门在外不用管。
远程控制有信息，指挥自由在手中。
轻松愉快过日子，生活过得真悠然。

11.1 概　　述

家庭网络（Home Network）也称数字家庭（Digital Home），是指家庭范围内将计算机、家电、安全、照明等相互连接组成家庭内部网，并与接入网相连接，在家庭内部以及家庭与外网之间提供多种服务的一种新的组网和应用。家庭网络本质上是以宽带 IP 为核心的 3C（计算机、通信、消费电子）融合，是由共享互联网接入服务发展而来，向家庭内部组网方向发展。家庭网络的应用主要有以下几个方面：通信、娱乐、社会论坛、远程教育、家居控制、家庭安防、医疗保健、自动化控制等。其中视频是核心，包括 IPTV、可视电话、视频共享以及视频监控等。

从网络的层次看，家庭网应位于接入网之后，类似于局域网，是直接为最终用户服务的。随着经济的快速发展，人们物质文化生活的不断提高，家庭网络宽带化只是迟早问题。由于家庭网络所承担的业务范围相当广泛，要实现用户的远距离控制就必须智能化。因此"智能家庭"将是家庭网络进一步发展必须考虑的问题。智能家庭网络应该包括通信、照明、家电、办公设备、安保系统等的自动化和远程控制。家庭网络应通过智能家庭网关与外网相连，并对家庭中的机项盒、计算机、PDA、Wi-Fi 手机、打印机、电话、照明、监控设施以及家电等进行有效控制。为用户提供统一的便于操作的用户界面。使用户享受到生动活泼、方便快捷以及休闲的生活方式。用户不仅可在家中享受无线上网、视频电话、视频会议、视频邮箱，还能通过远程控制对家电、安保、照明、办公设施、家庭机器人等进行随心所欲的控制，甚至能对故障进行诊断与修复。

11.2　未来家庭网络所提供的业务及实施

未来家庭网络所能提供的业务可分为六大类。

① 家庭娱乐与通信。它包括数字电视、视音频点播、网络游戏、视频电话以及远程教育等。

② 家庭安全。包括监控、告警、安保通信等。

③ 家庭自动控制。包括家电、照明、办公设备、门窗控制等。

④ 家庭医疗与保健，包括远程心电图、血压、血样分析、尿液分析、体重、内脏检查、药疗计划、视频会诊等。

⑤ 传感环境显示与报警，如室内温度、湿度、压力、有害气体等。

⑥ 家用机器人的控制与使用。

家庭网络智能化功能的实现主要分两部分：家庭内部的网关和控制系统、局端业务实施平台及业务控制平台。局端设备和户内系统主要是通过 IP 网连接，也可通过外网及移动通信系统进行连接，因而该系统应具有良好的可扩展性。通过业务实施平台，实现统一的控制平面，为最终用户提供直观的家庭生活信息和控制，通过电视机、手机、PDA、笔记本计算机等随时随地进行业务控制。智能家庭网络与外网的连接如图 11-1 所示。

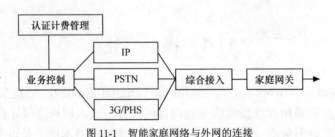

图 11-1　智能家庭网络与外网的连接

11.3　家庭网络的相关技术

家庭网络具有巨大的潜在市场，运营商需要按照这样的思路经营家庭网络，即首先是要实现宽带化与数字化，这是实现家庭网络综合业务的先决条件。根据其功能网络应该具有网关、安保子网、娱乐子网、控制子网、通信子网、工作子网等。家庭网络应该与外网（主要是电信网）有良好的对接一致的标准。以此保障信息的畅通和便于维护管理。

家庭网络所涉及的技术应该是综合性的，包括有线通信和无线通信，特别是短距离小功率的无线通信在家庭网络中将起重要作用。这方面的关键技术主要有五个方面。①家庭设备的互联，包括有线和无线的连接。②网络管理功能，包括配置管理、故障管理、性能管理、计费管理。③业务资源共享技术，这主要是将来自计算机、STB、数码设备上的多媒体内容，通过电视机、音响等进行播放。④家庭网络流量管理和 QoS 控制。⑤家庭网关等。

家庭网络是一个综合性业务网，因而家庭网关是一个非常重要的设备。在未来数字家庭时代，用户通过家庭网络可享受一整套的个性化家庭服务，各种家庭数字设备（信息的、娱乐的和控制的）之间需要实现无缝连接、信息共享，并与外网有效畅通。这些功能都要靠网关来实现。网关是门户，又是新型电信业务的平台，因此网关起核心作用。网关是一种综合接入的网络设备，强调多种接入方式及互通性。网关应具有的功能，目前还没有统一的标准，但它是家庭网络与接入网或外网的枢纽、桥梁与门户是不容置疑的。其应具有如下功能。①能够接入各种业务网络（全部为 IP 流量），并保证良好质量；同时能够连接并控制家庭内部所有可连网设备，这是最基本的功能。网关与外网主要以有线相连，而内部则有线无线兼有，包括 Wi-Fi、蓝牙、UWB、WLAN 等。②网关应是智能的开放的多业务平台，并易于管理和控制。③网关应具有安全性保证，防止非法攻击和病毒入侵等，具有防火墙功能。④能实现 VPN 功能等。鉴于这种情况，家庭网关的发展方向应该是智能化及平台化。

家庭网络要全方位满足多业务需求，使得通信信息服务从办公室、写字楼延伸到家庭。多种接入、多种业务、业务之间的汇聚等使得家庭网关成了重要的节点。事实上，网关的概念已经相当得宽泛，在消费电子领域，将家电的智能控制都涵盖了；在电信领域，它更注重的是借助计算机、电视机、机顶盒，甚至手机等将多业务传送到家庭。家庭网关技术的发展趋向于多业务汇聚能力、多业务并行处理能力、设备之间的互连互通功能、家庭网络安全保障等。它将在以下方面不断增强其功能。第一，融合功能将日益拓宽。一方面，将通信、多媒体、信息、娱乐等融合在一起，并兼有机顶盒功能；另一方面，是有线与无线、窄带与宽带的有机结合与融合。第二，家庭网关对多业务并行处理的能力应该越来越强，借助丰富的终端设备，家人能同时享受各种业务服务，这要求有较强的多业务并行处理能力。第三，网关在网络设备管理能力和 QoS 保障功能方面应不断改进与提升。第四，网关在防止有害信息入侵、阻止各种病毒侵袭等方面应不断加强和完善。

11.4　家庭网络的标准化组织

计算机、数字家电设备、移动设备和宽带互联网的普及促使家庭网络兴起。由于家庭网络有巨大的潜在市场，许多相关产品的开发商看准这一发展机遇，纷纷快速进入这一领域。他们为了能够形成一种社会力量，并占领这一行业的制高点，自发成立了各种相关标准化组织。到目前为止，国内外影响较大的有以下几个组织。

① 闪联。原信产部与原经贸委牵头组织的"家庭信息化网络技术体系结构及产品开发平台"工作组，简称闪联。后有 7 家单位参与成立信息设备资源共享协同服务（IGRS）标准工作组。2004 年提交了该标准 1.0 版本，在标准制定、应用开发平台、测试和认证工具、

验证系统等方面已开展了相关工作。联想、康佳、海信、长虹等分别发布了符合该标准的有关产品。

②e家佳。2004年7月由海尔、清华同方、网通、上广电、长城等7家单位成立了"家庭网络标准产业联盟",即e家佳(ITOPHome)。加强市场调研,搭建家庭网络技术平台,形成完善标准,促使家庭网络系统的产业化、标准化,并争取将其标准纳入国际标准。

③国外相关标准化组织:ITU-T。主要由第9研究组(SG9)负责,2004年6月在东京召开了第一次会议。它以电缆为基础,采用IP协议,对网络结构、传输技术、安全、服务质量、业务等发布了三个建议;SG9组对家电、布线、无线局域系统等作了相关研究。

除此之外还有不少相关组织,它们各有所侧重。从总的来看,家庭网络还处于早期探索阶段。

11.5 家庭网络发展状况

家庭网络和数字家庭两个独立概念正在融合、重叠,共同构成家庭网络的数字化和智能化。国内目前还谈不上建设规模,只是一些大公司在作前期的探索,社会需求也不够明显,估计若干年之后有可能凸显。国外发展的情况是:法国电信是一条主线一个核心,即"单一宽带接入业务—以 Triple Play 为代表的家庭业务—融合家庭网络和移动业务",而核心就是 Livebox 这个关键设备。在家庭网络上能提供的产品包括家庭网关设备、家庭监控、将数码相机中的照片上传至网络相册、PLC 转换插座、通过移动电话获得家庭内部 WiFi 摄像头的监控图像、支持 VoIP 的蓝牙电话、插在 HiFi 音响或家庭影院上的 WiFi 设备。意大利电信有较明确的发展战略,即 Single Play—Double Play—Triple Play—Multiple。目前已进入 Triple Play 阶段,可提供一根 ADSL 捆绑5个固网号码、无线上网、IPTV、FMC 等业务,可支持无绳电话与手机相互连通等。

11.6 结 尾 诗

由上述内容可知,家庭网络的概貌应该是:

家庭网络数字化,智能宽带要当家。

3C 融合构成网,服务家人要周详。

网络技术综合化,保证业务要万能。

家庭网关最重要,综合业务要顺通。

家庭网络像个 LAN,里外架构要规范。

统一制式好维护,出了问题容易办。

家庭网络人人盼,潜在市场大而远。

优质价廉是前提,方便快捷人称赞。

附录 社会信息化程度的定量描述

引子诗 信息化程度定量歌

> 信化程度要定量，定量才能比高低。
> 找出差距不示弱，奋勇赶超争第一。

1. 概述

社会信息化水平已是衡量一个国家或地区现代化程度的重要标志，是衡量经济社会综合活力的重要标志，也是国际竞争力的重要标志。社会信息化中的信息资源本身就是科学技术，它是一种最具有活力和高渗透性的科学技术，几乎渗透到社会所有领域，对国民经济和社会发展具有决定性作用。所以研究社会信息化水平的定量描述与计算有重要的意义。

在定量描述社会信息化时常用社会信息化指数来衡量。这一概念来自于 1970 年日本电信与经济研究所（RITE）研究人员所提出的"社会信息化指数"，它从信息量、信息装备率、通信主体水平、信息系数四个方面来衡量不同社会阶段、不同国家或地区的信息化发展程度。而我国常用"信息社会指数"（Information Society Index，ISI）的概念来定量描述社会信息化水平，它是国际数据公司（IDC）和《世界时代》（*World Times*）全球研究部在"97 全球知识发展大会"上共同提出的一个新概念。也有人使用"信息化发展指数"一词。它们的基本含义是相同的，都是从主要的信息领域以不同的角度描述社会信息化发展程度。

社会信息化与信息化社会属于信息社会学的范畴。信息社会学起源于西方发达国家，它们在 20 世纪 60 年代就开始研究这个领域。我国在这方面的研究起步较晚，大约在 20 世纪的 80 年代后才开始的，至今为止无论在深度和广度方面都不尽如人意，还没有形成完整的体系，当然更谈不上这方面知识的普及及普遍应用。近十多年来，才有一些学者和国家有关部门与组织开始系统地研究和较多地应用。因此，信息社会学的研究和应用，在我国有广阔的发展空间。

根据 2010 年 7 月 30 日国家信息中心信息化研究部公布的有关我国首份社会信息化的发展报告，即《走近信息社会：中国信息社会发展报告 2010》披露：2010 年，我国信息社会指数为 0.392 9，已整体进入工业社会向信息社会过渡的加速转型期。这份定量测评报告指出，我国初步建立了信息社会的基本理论框架，提出了信息社会发展指数（ISI）和测评体系，适用于对地区之间、国家之间信息社会发展水平的横向比较分析和历史对比分析。报告认为，知识型社会、网络化社会、数字化生活和服务型政府是信息社会的 4 个基本特征。信息社会发展大体上可分成起步期（ISI 值 0.3 以下）、转型期（ISI 值 0.3～0.6）、初级阶段（ISI 值 0.6～0.8）、中级阶段（ISI 值 0.8～0.9）、高级阶段（ISI 值 0.9 以上）5 个阶段，不同的发展阶段呈现不同的特点，面临不同的任务和问题。

该报告还显示，上海、北京两市的社会信息指数分别在 0.6 以上，是率先进入信息社会初级阶段的第一梯队。预计在"十二五"期间，我国移动电话、互联网、计算机、数字电视等主要信息产品的普及率将会大幅度提高，主要信息技术产品整体进入快速扩散期。从而会促使各省市的信息化进程大大加快，我国信息化程度也将会显著提高。

2. 信息化指数模型及典型实例

为了评价社会信息化水平，需要计算出信息化指数或信息化指标。为此需建立一个贴近客观实际的测评计算体系，即模型。或者是建立一个科学的测算体系和计算方法。模型构建需根据以下五项原则。

① 决定社会信息化水平的主要领域是哪些？这些领域中起重要作用的因素又有哪些？

② 各主要领域对信息化贡献率（即评价指数，或权重）的设置要科学。

③ 模型构建要统一要规范，并具有可操作性和可对比性。

④ 计算过程中所设置的数据要具有科学性，即具有统计的意义，或者具有代表性。

⑤ 在进行对比时，选择的时段既不能太长也不能过短，太长或过短都将影响结果的真实性。

随着人类向信息社会迈进步伐的加快，信息产业界定和测算信息化水平的方法也越来越多。据现有资料可知，构建模型有许多方法，这里介绍几种供参考。

① 波拉特法，它从经济角度考察信息化程度，选择信息产业增加值在国民生产总值中所占比率和信息劳动者在总劳动力中所占比率作为测度信息化水平的具体指标。

② 信息化指数法，日本学者把主要信息领域分为四个类别，将这些指标与某一基准年相比，得到的就是信息化指数。这种方法既可以从时间序列角度研究其发展趋势，也可以考察不同国家信息化发展程度的差别。

③ ITU 法，该方法把信息产业界定为：电信服务和设备、计算机服务和设备、声音与电视广播和设备、声像娱乐。根据这一界定，可估算出信息产业规模。

④ 国际数据通信公司（IDC）的信息社会指标法，他们以"信息社会指标"（ISI）法比较和测评各国获取、吸收和有效利用信息的技术能力。

⑤ 中国国家统计局法，此体系突出信息技术、信息资源开发利用和人口素质等方面的内容，力图全面、客观地评价中国的信息化能力。

除以上外还有许多其他的方法，这里不再赘述。下面我们介绍几个具体的典型实例。

（1）中国国家统计局建立的综合评价信息能力指标体系。

中国国家统计局在充分考虑科学性、全面性、代表性、可操作性、可比性的前提下，建立了一套综合评价信息能力的指标体系。此体系以信息技术及设备利用能力、信息资源开发与利用能力、人口素质、国家支持力度等为主要内容，力图全面、客观地评价中国的信息化水平，并与信息化较好的国家进行比较。附表 1 是信息化测算指标体系。

　　　　　　　　　　　　中国国家统计局信息化测算指标体系

一级指标名称	二级指标名称	
1. 信息技术和信息设备利用能力	每千人拥有个人计算机数	每千人拥有传真机数
	每百人电话用户数	每千人拥有电视数
	每千人拥有收音机数	每万人接入因特网用户
	每百万人因特网上网主机数	每平方公里光纤长度
	每百家企事业单位建立因特网家数	基础信息产业增加值占 GDP 的比重
2. 信息资源开发与利用能力	每用户打国际电话时间	每百人报刊发行数
	每日发布信息量	网络用户平均上网时间
	每万人 Web 站点数	
3. 人口素质	每万人平均科学家和工程师数	第三产业人口占就业人口比重
	大学入学率	每 10 万人在校学生数
	计算机专家数和工程师数	
4. 国家对信息产业发展的支撑	信息产业增加值占 GDP 的比重	研究开发经费占 GNP 的比重
	每主线电信投资	人均 GNP
	教育投入	

　　为了便于对比，根据上面的指标，运用综合评分法和主成分分析法，利用 1995 年的数据，对世界主要国家和地区的信息能力进行测算，得到结果如附表 2 所示。测算时，对于选择进入比较的各国的每个指标，采用如下公式进行无量纲处理：

标准化公式 = [(Xi - Min)/(Max - Min)] × 100

　　其中：Xi 是指标变量的原始数据；

　　　　　Max 是同一指标各国数据的最大值；

　　　　　Min 是同一指标各国数据的最小值。

　　　　　　　　　　　　中国国家统计局信息化测算结果

指 标 名 称	中国指标数值	中 国 排 位	居世界前三位的国家
信息能力总水平	5.039	27	美国、日本、澳大利亚
1. 信息技术和信息设备	6.29	21	美国、澳大利亚、日本
2. 信息资源开发和利用	2.13	27	新加坡、日本、荷兰
3. 人口素质	8.1	26	美国、日本、加拿大
4. 国家对信息产业发展支撑状况	5.03	28	日本、德国、法国

（2）ITU 法

　　ITU 把信息产业界定为以下范畴：电信服务和设备；计算机服务和设备；声音与电视广播和设备；声像娱乐。根据这一界定，ITU 估计的 1994 年全球信息产业规模已达到 14 250 亿美元，其中所列出的各行业对信息产业的贡献可用附表 3 表述，并且得出了这样的结论：信息产业的增长超过了经济增长的速度，而且不受经济下降趋势的影响。

附表 3　　　　　　　　　　　世界信息产业收入结构（**1994 年**）

电 信 服 务	电 信 设 备	计算机软硬件	声 　 像
36%	10%	33%	21%

ITU 还在 1995 年以"信息社会"为主题向西方七国集团部长会议提出了一套评价信息化发展现状的指标体系，这一体系包括六大类指标，如附表 4 所示。

附表 4　　　　　　　　　　　七国信息化指标体系

指 标 名 称		指 标 名 称	
1. 电话主线	每百居民拥有电话线数	4. 有线电视	有线电视的用户数
	数字交换的电话主线数		已装有线电视的住户占全部住户的比例
2. 蜂窝式电话	每百人蜂窝电话用户数	5. 计算机	每百人计算机数
	蜂窝电话在七国中的分布情况		每 10 万人拥有国际互联网主机数
3. 综合业务数字网（ISDN）	每千人中 ISDN 用户数	6. 光纤	光缆公里长度的年增长率
	ISDN 在七国中的分布情况		

（3）国际数据通信公司的信息社会指标法

国际数据通信公司提出了用 ISI 方法比较和测算各国获取、吸收和有效利用信息的技术能力。

ISI 坐标变量分成三组，每组再细分成更具体的指标，详见附表 5。

附表 5　　　　　　　国际数据通信公司的信息化测算指标体系

指 标 名 称	指 标 代 号	指 标 名 称	指 标 代 号
1. 社会基础结构		人均移动电话拥有数	I6
在学中学生数	S1	有线电视及卫星电视覆盖率	I7
在学小学生数	S2	3. 计算机基础结构	
阅读报纸人数	S3	人均计算机拥有数	C1
新闻自由程度	S4	家庭计算机普及率	C2
公民自由程度	S5	用于政府和商业的计算机/非农业劳动人数	C3
2. 信息基础结构		用于教育的计算机/学生和教员人数	C4
电话家庭普及率	I1	联网计算机所占百分比	C5
电话故障数/电话线数	I2	用于软件支出/用于硬件支出	C6
人均收音机拥有数	I3	互联网服务提供者总数	C7
人均电视机拥有数	I4	人均互联网主机数	C8
人均传真机拥有数	I5		

采用回归分析、多元共线分析、正规化、标准化等方法，对 55 个国家和地区的数据进行了分析比较，按得分的多少，将这 55 个国家分成四组，根据 ISI 得分的情况来确定国家所属

的级别和具有的特性。按 ISI 方法,我国排在 49 位。还有 150 个国家 ISI 得分在 300 分以下。

（4）北京市信息化统计指标体系

北京市信息化统计指标体系将主要的信息化领域分为六大类,共包括 18 个指标。具体情况如下。

① 信息资源开发利用:信息资源的开发利用是信息化建设取得实效的关键,开发利用的程度是衡量国家信息化水平的一个重要标志。

② 信息网络建设:信息网络是信息传输、交换和资源共享的必要手段。信息网络建设是保证信息技术应用和信息资源开发利用的基础,只有具有先进的信息网络,才能充分发挥信息化的整体效益。

③ 信息技术应用:信息技术应用从信息通信技术应用的普及率和信息技术的装备水平体现信息化建设的规模与质量,也体现了信息技术的应用水平,是信息资源开发利用的技术保障。

④ 信息产业发展:信息产业的发展可以大大提高知识创新和技术创新的能力,成为推动经济增长的主要动力。

⑤ 信息化人才:掌握知识和信息的人力资源在未来社会经济生活中将担负着极其重要的角色,是提高信息化水平的关键,对其他各个要素的发展速度和质量会产生决定性的影响。

⑥ 信息化发展环境:实现信息化快速、健康发展离不开宏观政策的保障,信息化发展政策可以从管理、法制和技术方面规范和协调各要素之间的关系。

根据上述信息化水平测算与评价的指标体系,采用综合评分分析法对信息化水平进行测算,测算结果即为信息化水平总指数值。

（5）日本提出的社会信息化指数模型

该模型以信息量、信息装备率、通信主体水平、信息系数四个方面来测量不同社会阶段、不同国家或地区的信息化发展程度。它从影响社会信息化的四大领域中,选择出 11 项重要因素计算出一个反映社会信息化程度的总体指标——社会信息化指数。其信息化指数体系结构如附表 6 所示。

附表 6　　　　　　　　　　社会信息化指数体系结构

一级指标名称	二级指标名称
信息量	人均年使用函件数 人均年通话次数 每百人报纸期刊数 每百人书籍销售网点数 每平方公里人口密度
信息装备率	每百人电话机数 每百人电视机数 每万人计算机数
通信主体水平	第三产业就业人口比重 每百人在校大学生人数
信息系数	个人消费支出中除去衣 食住外杂费所占的比例

模型中 11 个要素是不同质的要素，因而无法直接计算，需要先将各种数值转换成指数后，方能求得最终信息化指数。计算有两种方法：一步算术平均法和二步算术平均法。

① 一步算术平均法。

假设 11 个要素对最终信息化指数的贡献等值。先将基年某国家或地区的各项指标的数值 s_i 定为 100，将测算年度某国家或地区的同类指标值 x_i 除以基年值 s_i，计算出测算年度各项指标的指数值，然后将各项指标的指数值相加，再除以要素数 11，便得到最终的社会信息化指数。用公式表示为：

$$R_1 = \frac{\sum_{i=1}^{11} \frac{x_i}{s_i} \times 100}{11}$$

② 二步算术平均法。

假设四组要素对最终信息化指数 R_2 的贡献相等，每组中各要素的贡献相等，则：

$$R_2 = \frac{\sum_{j=1}^{4} (\sum_{i=1}^{k_1} \frac{x_i}{8_i} \times 100)}{\frac{k_j}{4}}$$

其中，x_i，s_i 意义同前；k_j = 5, 3, 2, 1，分别为各组的要素数。

从以上所列举的例子可以看出，不管其视角如何，都必须符合上述建模原则。既要抓住构成社会信息化的主要领域又要找准重要因素，这是非常重要的。同时所设置的信息化体系一定要具有可操作性及可对比性，只有这样才有实际意义。可对比性包括纵向可对比性和横向可对比性，前者是指与自己历史上某一时段的对比，后者为不同部门、不同地区、不同国家之间的对比。当前有关建模设置还没有统一的标准，计算方法也不相同，所以得到的结果也不会相同。不管如何，只要在对比中采用相同的体系和计算方法，所得到的结果都是可信的，也是可比的。有关社会信息化的定量描述问题，目前还处于探索阶段。不仅建模体系不同，而且计算方法也各不相同，这会给实际运作带来许多不便和麻烦。随着信息化的快速发展，这个问题总有一天会达成大家都公认的比较满意的做法。

3. 我国社会信息化所取得的主要成绩及存在的问题

我国社会信息化方面所取得的主要成绩有以下几个方面。

① 在信息社会学理论方面已取得一批有分量的成果，出版了几十种专著，为信息社会学奠定了理论基础。

② 初步建立了信息化发展指数及其测评体系，并与许多国家进行了对比。据国家统计局一份研究报告中指出，我国信息化发展总指数年均增长为 16.61%，居世界第七位，为世界平均增长水平的 2.35 倍。

③ 信息化业务组织构建已具规模。国家各部委及各省市都成立了专门化信息机构，并开展了相应工作，也取得了一定成就。

④ 已建成完整的信息产业链，可以说应有尽有。而且，主要的信息技术，如互联网、信息通信网络技术、计算机、数字电视等，总体进入加速扩散期，从而极大地加速我国从工业社会向信息社会、从工业经济向信息经济的转型。

⑤ 信息基础设施建设实现跨越式发展，为信息社会发展奠定了坚实的基础。信息通信网络已覆盖国家所有版图，卫星通信将覆盖全球，光纤通信连接各大洲，在技术水准方面已居世界先进水平，有些方面达到领先水平。

⑥ 信息技术在重要领域的应用有突破性进展。其中，电子政务使服务型政府建设开始起步，科学决策、信息公开、在线办事、公众参与及互动等取得实质性进展；电子商务已有规模化应用，并取得了良好效果；电子农务也开始广泛地应用。

⑦ 企业信息化、工业信息化已有相当大的规模，而且发展势头强劲。当前，有不少企业实现了网上采购、网上销售、网上管理；有不少的工业生产实现了连网控制、网上调度、网上统计以及自动化或半自动化的过程控制。

⑧ 信息化人才得到国家和国民的高度重视，国家还制定了2020年人才发展战略规划。要知道，相对于以物质资源作为社会基础的农业社会和工业社会来说，信息化社会则是以知识资源作为社会基础的，信息化社会是知识型经济社会，是以知识和人才为社会基础的，其重要性可想而知。

当前，我国社会信息化中所存在的主要问题有以下几个方面。

① 对信息化的认识普遍不深刻，信息观念差，这是最大的问题。甚至许多企事业单位的高层管理人员对信息化重要性也认识不够，信息化治理普遍欠佳，投入也小。

② 信息知识、信息技术在社会中的普及率不高（例如，我国互联网用户数虽居世界第一，但普及率较低），应用程度不广不深，数字鸿沟不容忽视。

③ 信息化基础建设与发达国家仍有较大差距，计算机、电视机、电话机等现代通信技术产品的人均拥有率仍然较低。

④ 人力资源不足。信息社会是知识型经济，是以知识和人才为基础，以创新为动力的。但受过中等、高等教育的人占劳动就业总人口的比例不高。这将制约人力资源发挥核心作用。

⑤ 国家对各领域各行业的信息化要求不明确不具体，而且缺乏法律法规作保障。

以上我们较系统地介绍了社会信息化的定量描述问题，从中可以得到启发，开阔我们的思路。在实际工作中，可根据需要对本单位、本行业进行建模和计算，以及进行纵向横向的比较，从所得结果中找到差距，找到前进的方向。

4. 结尾诗词——信息化奋斗歌

杂言诗　奋斗歌

信息化，很重要，定量描述不能少。
要建模，抓主要，科学客观定基调。
原则性，不能少，五项根据要记牢。
有成绩，要肯定，鼓舞士气不能松。
找差距，动脑筋，主攻目标要确定。
要奋斗，有勇气，顽强拼搏不惜命。
中国人，有骨气，铮铮铁骨不弯腰。
中国人，有志气，敢教世界变变样。

渔家傲　奋斗歌

定量描述不可少，
科学客观来比高。
男女老少齐奋阵，
形势逼，
敢教人间换新样。
百万雄师赴阵前，
风烟滚滚来天边。
唤起同志千百万，
同心干，
东方天下红一片。

参 考 文 献

[1] 张密生. 科学技术史. 武汉：武汉大学出版社，2009.

[2] 解金山. 光纤用户传输网. 北京：电子工业出版社，1996.

[3] 方旭明，何蓉，等. 短距离无线与移动通信网络. 北京：人民邮电出版社，2004.

[4] 曾春亮，张宁，王旭莹，等. WiMAX/802.16 原理与应用. 北京：机械工业出版社，2007.

[5] 李文元. 无线通信技术概论. 北京：国防工业出版社，2006.

[6] 钱志鸿，杨帆，周求湛. 蓝牙技术原理、开发与应用. 北京：北京航空航天大学出版社，2006.

[7] 孙金超. 蓝牙技术标准的演进及应用研究. 北京邮电大学工程硕士学位论文，2007.

[8] 金纯，林金朝，万宝红. 蓝牙协议及其源代码分析. 北京：国防工业出版社，2006.

[9] 彭木根，王文博. TD-SCDMA 移动通信系统. 北京：机械工业出版社，2007.

[10] 杨淑雯. 全光光纤通信网. 北京：科学出版社，2004.

[11] 解金山，陈宝珍. 光纤数字通信技术. 北京：电子工业出版社，2002.

[12] 顾畹仪. 光传送网. 北京：机械工业出版社，2003.

[13] 纪越峰. 现代通信技术. 北京：北京邮电大学出版社，2002.

[14] 徐荣，龚倩，张光海. 城域光网络. 北京：人民邮电出版社，2003.

后　记

　　在本书出版之际，作为作者有话要说。第一，关于介绍国内信息技术领域的现状与取得的成就时，由于资料大都来自有关报刊杂志上的新闻报道，所以不可能全面介绍各个公司所取得的主要成就。个人也无法了解相关公司的整个情况及所取得的成就。因此，有偏漏在所难免。但对于说明我国信息技术领域的大好形势来说仍是有价值的。第二，由于本人长期从事通信技术工作，虽然已退休多年，但仍热爱这个领域，对这方面所取得的成就颇受鼓舞，并长期搜集这方面的资料。由于当初没想成文，更没想成书，所以有一些资料的出处没有记录，请有关同志理解并给予谅解。本人完完全全是想对社会做一点点有益的事情而成此书的。在此特作说明。第三，为了研究社会信息化与信息化社会，不得不介绍信息网络技术的最新成就，这是因为信息通信网络技术是实现社会信息化的唯一重要平台。鉴于本书的宗旨，对信息通信网络技术只是原理性的介绍，包括工作原理、技术标准以及在社会信息化过程中的作用。在此特作说明。